小牛顿科学馆

课堂上听不到的趣味数学知识

王维浩◎编著

中国纺织出版社

内 容 提 要

翻开本书，将带你进入一段奇趣的知识旅程！本书不再是枯燥的数字和公式，而是以小故事、趣味推理、生活现象等多种形式为内容，让你领略数学的无穷魅力，让你掌握打开数学王国大门的钥匙，调动你全部的学习兴趣，培养你利用已会知识作为“工具”，解决问题的学习能力。

本书内容丰富，版式新颖，并配以活泼有趣的插图，以及趣味十足的数学小游戏，在启发思维、激发想象力、开发创造力的同时，带你享用美味的快乐数学大餐！

图书在版编目（CIP）数据

课堂上听不到的趣味数学知识／王维浩编著.—北京：中国纺织出版社，2014.6 （2022.6重印）

（小牛顿科学馆）

ISBN 978-7-5180-0318-1

Ⅰ.①课… Ⅱ.①王… Ⅲ.①数学—儿童读物 Ⅳ.①01-49

中国版本图书馆CIP数据核字（2013）第320907号

策划编辑：宋 蕊　　责任编辑：江 飞　　责任印制：储志伟

中国纺织出版社出版发行

地址：北京市朝阳区百子湾东里A407号楼　邮政编码：100124

销售电话：010－87155894　传真：010－87155801

http: //www.c-textilep. com

E-mail: faxing@c-textilep. com

官方微博http://weibo.com/2119887771

三河市延风印装有限公司印刷　　各地新华书店经销

2014年6月第1版　2022年6月第3次印刷

开本：710×1000　1/16　印张：11.5

字数：92千字　定价：39.80元

前言

QIAN YAN

“小牛顿科学馆”丛书共分为四册：《课堂上听不到的奇趣生物知识》、《课堂上听不到的奇妙物理知识》、《课堂上听不到的神奇化学知识》、《课堂上听不到的趣味数学知识》。

本套图书避开教科书的枯燥理论，将课堂上应学会和课堂以外应知的相应科学知识通过趣味推理小故事和生活中的奇趣现象等实例引出，向小读者讲解相关的科学知识、常识，引导小读者关注隐藏在我们身边的科学知识，激发他们的学习兴趣，启发他们的思维。本套丛书内容丰富，版式新颖，并配以活泼可爱的插图，更增添了一些有趣的科学小游戏和激发创造力的小问题，让小读者在充满轻松趣味的氛围中学到知识、巩固知识、运用知识，同时打开小读者们的思维，帮助他们构建科学知识与日常生活之间的联想，开拓他们的想象力，在潜移默化中培养他们科学的思维方法、有效解决问题的方法以及学习、生活中必不可少的创造力！

同学们，你知道吗，当你翻开本书的时候，它将带你进入一段有趣的知识旅程！本书不再是枯燥的数字和公式，而是以小故事、趣味推理、生活现象等多种形式为内容，让你领略数学的无穷魅力，让你掌握打开数学王国大门的钥匙，调动你全部的学习兴趣，培养你利用已会的知识作为“工具”，解决数学问题的学习能力。

本书在带领你品味奇妙故事的同时，使你获得更多的知识；在启发你的思维、想象力，开发你的创造力的同时，带你享用美味的快乐数学大餐！

编著者

2014年3月

contents 目录

一

奇趣连连的运算知识

二

无处不在的好玩代数

三 并不高贵神秘的几何

四 高深可测的概率、统计

五

神机妙算的逻辑推理

一

奇趣连连的运算知识

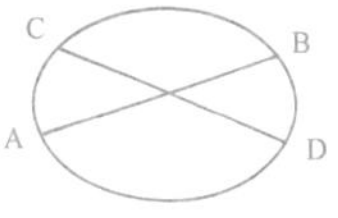

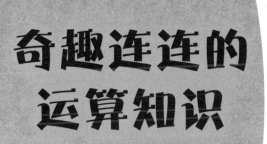

1.愚蠢的将军

东、西相邻两国发生战争。东、西国家之间有一条大河，河上没有桥，而且因为战争，摆渡的船也都停止了做生意。西方的国家取胜心切，派了一名大将率领8000名士兵进攻东方的国家。

大军在河边集结以后，为了快速渡河，将军派兵查看河水情况。

“这条河的平均水深是多少？”将军问。

部队参谋回答道：“将军，平均水深是140厘米。”

“那我们士兵的平均身高呢？”

“士兵的平均身高是168厘米。”

“太好了，这样，士兵的头正好可以露在水面上走过河。大家跟上，过河吧！”将军非常得意，他以为这样就能安全过河了。于是，他下了过河的命令。

士兵们一排接一排，向河水中走去。但是他们越走水越深，水先没过了腿，然后是腰，接着没过了脖子，差不多走到河中央时，将军和士兵们全部被卷入水中淹死了。最后，东方的国家不战而胜。西方国家元气大伤。

这是怎么回事呢？难道部队参谋错了？显然没有。那么问题究竟出在哪里呢？

科学揭秘

问题的根源出在“平均”二字上。说“平均”水深，并不是河水最深的地方只有1.4米。其实，河水最浅的地方只有100厘米，但是河中央最深的地方却是180厘米。所谓140厘米，仅仅指的是平均值，身高没有超过180厘米的士兵显然会被卷入水中淹死。因此，西方的国家不战而败。

考考你

某班级有70个人，“五一”节要去春游，老师对采购员说：“一半男同学每人需干粮2.5千克，另一半男同学每人需干粮1千克；一半女同学需干粮2千克，另一半女同学需干粮1.5千克。”小朋友，你知道采购员该买多少千克干粮吗？你帮他算算好吗？

答案

本题关键是要看清“一半”与“另一半”，即每个男女同学的平均量相等。根据题意，男同学平均每人需干粮1.75千克，女同学平均每人需干粮1.75千克，那么，无论男女各有多少人，他们需要的干粮总斤数应该是：$1.75\times70=122.5$千克。

2.赌博中得出的概率论

卡当是一个很有才华的人。他知识面非常广，不仅是一名医生，同时又是一位数学家。

可是，他有一个不良的爱好——赌博，在业余时间他经常和朋友们一起赌博。一般的人仅仅把赌博看成一种游戏，而卡当却从赌博中发现了数学问题，并因此取得了巨大的成就。

一次，卡当的一个贵族朋友和人家打赌掷骰子，可是他不知道把钱押在哪个数字上容易赢，为此头疼不已。贵族朋友赢钱心切，他想到了聪明的卡当，于是他找来卡当帮忙。卡当对此也非常感兴趣，一向喜欢思考的他开始认真研究起来。

每个骰子有6个面，把两颗骰子扔出去，点数之和可能是从2到12的任意一个数字，可是哪个数字出现的可能性最大呢？

卡当拿出纸笔，计算了一下，发现了一个结果：两个骰子朝上面一共有36种可能，从2到12这11个数字中，7是最容易出现的和数，它出现的可能性是1/6。

所以卡当预言，押7最容易赢。

贵族朋友听了卡当的话，把大部分的钱押在7上，果然赢了很多钱。这在现在看来很简单的方法在当时却是非常前卫的方法。

在那个时代，虽然概率的萌芽有些发展，但是还没有出现真正的概率论。

卡当并没有停止研究，他找到许多著名的数学家一起讨论。这样，就诞生了新的数学分支——概率论。卡当的发现对概率论的出现起了非常重要的作用。

考考你

一个女孩买了一打橙子、两打苹果，她用了6个橙子榨汁，12个苹果做饼馅，然后又去商店买了相当于余数一半的苹果。请问，除了已用的水果，现在她总共有多少个水果？

答案

她现在共有27个水果。

(6+12)÷2+18=27

3.不会说话的主人

很久以前，一个村庄里有一个远近闻名的财主。他从不考虑从自己口中说出的话是否妥当，为此得罪了不少人。

有一天，他设宴请客，桌上摆满了鸡鸭鱼肉、山珍海味。客人来了不少，可是他希望能来的几个人物却没来，他非常失望，就不假思索、自言自语道："该来的怎么还不来呢？"

在座的客人们一听，心里凉了一大截，大家以为他不欢迎他们的到来，一半的人饭都没吃就走了。

他一看，这么多人不辞而别，心里十分着急，又不假思索地说："啊！不该走的倒走了！"

剩下还没走的人一听，心里十分生气："他这么说，是当着和尚骂贼秃。这么说，我们是该走的了！"于是，又有2/3的人不辞而别。

现在剩下的客人没几个了，财主更着急了："这，这，我说的不是他们啊！"

可仅剩的3个客人听到主人这么说，还能坐得住吗？"不是说他们，那当然是说我们啦！"剩下的3个人也都气冲冲地打道回府了。

结果，宾客全部走了，只剩下主人一人干着急。

那么请问，在财主无意间气走客人说的第一句话以前，已经有几位客人到场了？

科学揭秘

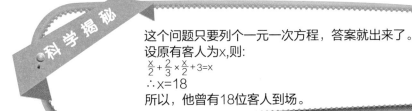

这个问题只要列个一元一次方程，答案就出来了。

设原有客人为x,则：

$\frac{x}{2}+\frac{2}{3}\times\frac{x}{2}+3=x$

$\therefore x=18$

所以，他曾有18位客人到场。

考眼力

下图是一座铁塔，请你数一数，这座铁塔共有多少个正方形？又有多少个三角形？小朋友，千万别数漏了哟！

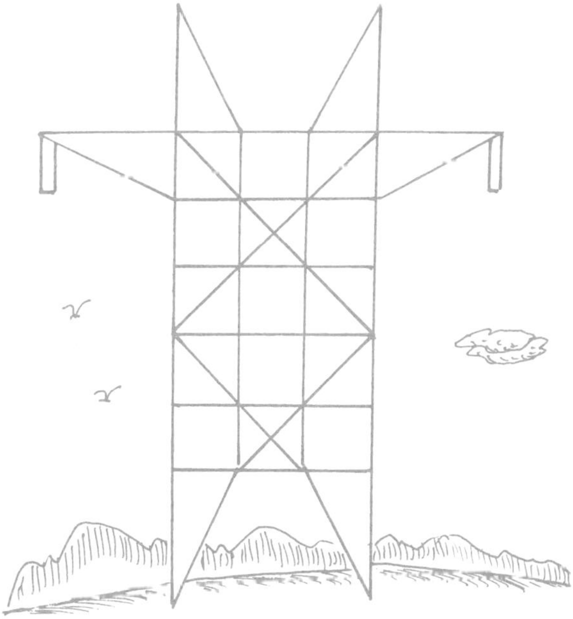

答案

有27个正方形，43个三角形。

4.数学家判赌局

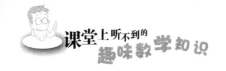

有一次数学家、物理学家和哲学家帕斯卡出外旅行，为了打发无聊的旅途时光，他和偶遇的贵族子弟梅果闲聊起来。这梅果嗜赌如命，曾遇到过一个分赌金的问题，至今让他迷惑不解。

梅果说，一次他和赌友掷骰子，各用32个金币做赌注，约定：如果梅果先掷出三次“6点”，或赌友先掷出三次“4点”，就算赢了对方。

两个人赌了一阵儿，梅果已经掷出了两次“6点”，赌友也掷出了一次“4点”。可就在即将分出输赢的时候，梅果得到命令，需要立刻觐见国王，所以这场赌局中断了。那么他们俩该怎样分这64个金币的赌金呢？梅果和赌友争起来。

赌友说，梅果要再掷一次“6点”才算赢，而他自己如果掷出两次“4点”也就赢了，这样一来，自己所得的应该是梅果的一半，就是说，梅果得到64个金币的2/3，他自己得1/3。可梅果却说，即使是下一次赌友掷出“4点”，自己没掷出“6点”，两人“6点”、“4点”各掷出两次，那金币也该平分，各自收回32个金币，更何况如果自己掷出“6点”来，那就彻底赢了，64个金币就该全归他了。所以，他应该先分得一定能到手的32个金币，应该对分，那么，梅果自己该得到64×(3/4)=48个金币，而赌友只能得16个金币。

那么，梅果和赌友的金币到底该怎么分呢？帕斯卡的答案是什么呢？

科学揭秘

这样一个看起来简单的问题，竟把帕斯卡这位大科学家给难住了。帕斯卡为此足足苦想了三年，才悟出了一些道理。于是他又和自己的好朋友，当时的另外两位数学家费尔马和惠更斯展开了讨论。他们得出一致的意见：梅果的分法是对的。因为在赌博必须中断的时候，梅果赢得全局的可能性是3/4，而赌友的可能性是1/4。梅果一方赢的可能性更大。后来，三位数学家的结果被惠更斯写进了《论赌博中的计算》一书，这本书被公认为世界上第一部有关概率论的著作。

考考你

看下图花中数字，从2开始，到“？”处结束，请你根据这些数字变化的规律，推理出问号处应填入什么数字？

答案

应填入16。因为从2开始，前一个数加后一个数得下一个数。如2＋4=6，4＋6=10……

5.猜页码

一天玲玲到红红家里去玩，刚好红红正在家里看课外读物。

玲玲对红红说："告诉我你这本书共有多少页？"

"160页。"红红说。

"那我猜七次就能猜出你现在看到哪一页了。"玲玲说。

"真的？"红红不相信。

"那咱们来试试，我每猜一次，你只要说对或不对就行。"玲玲说。

"好吧。"红红说，并赶紧用心记住了自己看到的页码。

玲玲说："你的页码大于80？"

"对的。"红红说。

"你的页码大于120？"玲玲说。

"对的。"红红说。

"你的页码大于140？"

"不对。"

"你的页码大于130？"

"不对。"

"你的页码大于125？"

"不对。"

"你的页码大于122？"

“不对。”

“你的页码大于121？”

“对的。”

“那你现在正在看122页，对吧？”玲玲问。红红说：“对了。”

你知道玲玲是怎么猜的吗？

科学揭秘

玲玲用的是对半取舍法。每次都将所剩总数的一半提出来，就可缩小一半的范围，最后就能缩小到很小范围内，答案也就明显了。

移一移

这6根火柴加起来是30，你能取掉其中1根火柴，使其合计为零吗？动动你的脑子吧！

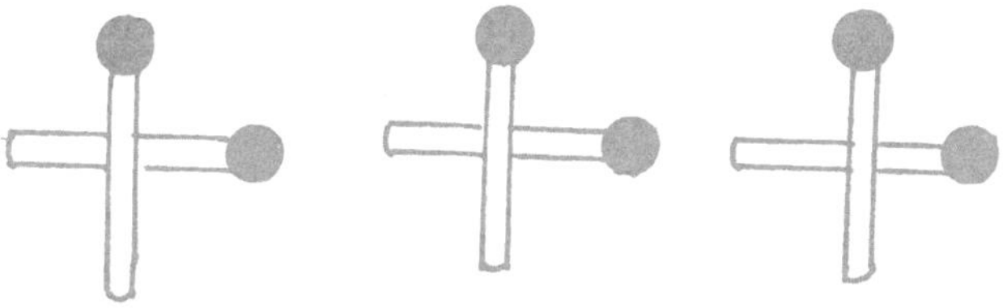

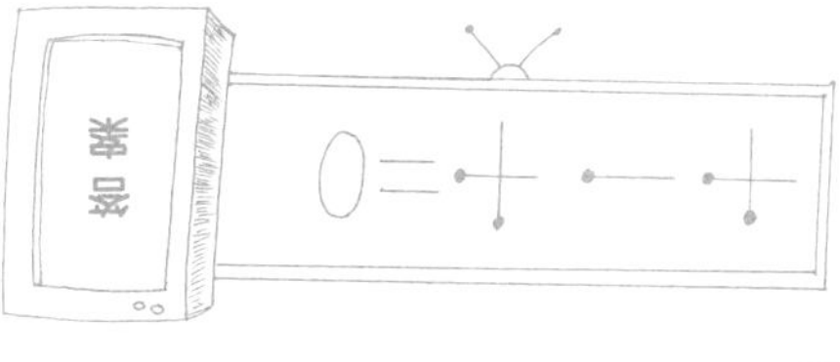

6.小黄的把戏

小黄把一叠13枚一元的硬币往桌上一放，对小李说：“这里有13枚硬币，咱们轮流各取一次，取最后一枚的人输。取的方法，一次限取1～3枚，不能一次取4枚。看谁输的次数多，好了，你先取吧。”

小李想了想说：“这有什么难的，即使我开始输几次，后面也不会输了，不可能总是同一个人拿到最后一枚硬币！”

小黄笑笑说：“那不一定！”

游戏开始后，小李发现无论玩多少次，自己总是拿最后1枚硬币的人，所以每次都输。这是怎么回事呢？

当然，小黄绝没有作弊，他完全是根据数学原理获胜的。那么，这有什么秘诀呢？

科学揭秘

最后一定要给对方留下5枚硬币，是这个游戏的关键。

因为仅留5枚，对方就必须在下列三种方式下选择一种,但不论用以下哪种方式,最后1枚硬币必定归对方不可。

①共留5枚，对方拿1枚。
自己取3枚。
对方拿1枚，输。

②共留5枚，对方拿2枚。
自己取2枚。
对方拿最后1枚，输。

③共留5枚，对方取3枚。
自己拿1枚。
对方取1枚，输。

所以，对方非输不可。从开头开始，如果要最后留下5枚给对方，先得使13枚硬币留下9枚给对方。如这时对方仅拿1枚，自己拿3枚，剩下5枚：对方如拿2 枚，自己也拿2枚，剩下的仍是5枚。对方拿3枚，自己拿1枚，也留下5枚。这样，一开始从13枚硬币中,用上述方法留下9枚，除非对方作弊拿4枚，否则是绝不能赢的。

考眼力

下图是由若干个小正方形组成的，请你好好数一数这个图形中有多少个正方形？

答案 有14个正方形。

7.路边的阴谋

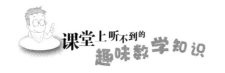

暑假，宁宁来到姥姥家，集市上，他看到一个矮个子青年人在玩摸球中奖的游戏。矮个子一边抖落着口袋，一边叫喊："摸球啦！摸球中奖！"不一会儿，就围了一大圈人。

"怎么个摸法？"有人问。

矮个子说："1元钱摸一次，每次摸3个球。我口袋里有红、白、黑3种球。如果你摸出的3个球中连1个红球也没有，你什么奖也得不到。如果摸到1个红球，你将得到1支铅笔；如果摸到2个红球呢，你将得到1支圆珠笔；如果摸到3个都是红球，你就将得到1000元奖金！"

一听这话，围观的人就跃跃欲试了。一个小学生拿出2元钱说："我摸两次。"一个小伙子拿出5元说："我摸5次。"结果是小学生一个红球也没摸着，小伙子只摸到一个红球，得了1支铅笔。

这时，挤进来一个老大妈，她说："我最近手气特别好，我买100元的，我把他的大奖金全包下来！"

"慢着！"宁宁拦住了老大妈说，"大家不要上这个人的当。"

宁宁又转向矮个子问："你口袋里有多少个球？红球有多少个？"

"这可是个秘密！"矮个子眼珠一转说，"不过，我可以给你透露一点信息。口袋里的红球和白球合在一起有16个，白球比黑球多7个，黑球比红球多5个。小子有能耐自己算去！"

宁宁说：“由于白球比黑球多7个，黑球又比红球多5个，所以，白球比红球多12（7+5）个。又由于白球和红球共有16个，可以知道白球有12个，红球只有2个。”

这时大家才明白过来，小伙子一步冲上去，揪着矮个子问道：“好啊！你口袋里只有2个红球，你却说抓出3个红球才给大奖，你让我们上哪儿抓去？”

小伙子抢过口袋把球倒了出来，一数红球，果然只有2个。

矮个子见自己的把戏被揭穿，只好提着口袋溜了。

考考你

观察下图圆圈中的数字，从6开始，到空格处结束，请你根据其中数字的变化规律，推断出空格内应填入什么数字。

答案

应填入37。因为从6开始，顺时针方向看，将每一个数乘以2减5都能得到下一个数。

8.世界上最大的数

你知道世界上最大的数是什么吗?

恐怕任何一个人都不可能数到数的尽头。到目前为止，不管是多有天赋的数学学者，也没有人能找到数的尽头。

许多科学家为了找到“世界上最大的数”，真是煞费苦心、上下求索。阿基米德曾想：“把太空和大地都用沙粒装满，将需要多少粒沙子呢？”从这个问题出发，他得出了10的51次方，这样一个巨大的数字，但这也不是世界上最大的数。

在东方，人们也在为寻找最大的数而不懈努力。找到一个大数的话，人们就会为其命名，古代中国把“极”看作是最大的数，“极”是相当于10的48次方的巨大数字，但是“极”也不是世界上最大的数。

在印度，人们找到了比“极”更大的数，它是10的52次方，被称为“恒河沙”。“恒河”是“千机斯河”的汉语读法，“沙”在汉语中就是“沙子”的意思。

大到无法计算的“无量大数”

在印度和中国等东方国家被认是最大的数，但是“无量大数”还不是世界上最大的数。

事实上数根本就没有尽头，虽然无法把数全部数完，但我们却可以不断延伸对数的认识。因此现代数学当中就产生了表示“数是没有尽头”的含义的“无限大”，用符号∞来表示。

许多大数读起来很不方便，为了更方便阅读，人们从数的末尾开始，每三个数字插入一个逗号。这样一来，就大大降低了读的难度。

数的大小决定了数的数目，无量大数不能找到，数的数目怎么能搞得清楚呢！

考考你

小兔子打算登上一个高1米的山坡，它一次可以跳跃30厘米，但是小兔子跳跃一次就要睡上3小时。那么请问，几小时后小兔子才能登上山坡顶呢？

答案

9小时。小兔子整个过程需睡上3次，所以小兔子所需时间：3×3=9（小时）。

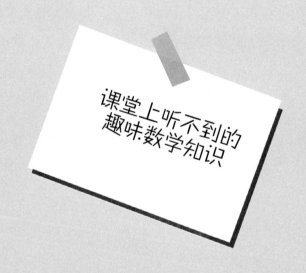

课堂上听不到的
趣味数学知识

二

无处不在的好玩代数

1. "0"的由来

在很久以前，人们采用位值制计数法，遇到空位，就会采用不同的方法表示。

印度人最先把0作为一个数参加运算。他们在很早的时候采用了十进制计数法，最开始空位用空格表示，后来为了避免看不清，就在空格上加一个小点。例如，503就用5・3表示。

印度人承认零是一个数并把它用于运算中，可以说是对零的发现的更为重要的贡献。

在公元前7世纪，一位罗马学者从印度记数法中发现了“0”这个符号，他认为这非常有意义，于是逢人便讲：“印度人想出这个办法真好！”并把印度人怎样使用零的方法一一作了详细的介绍。

很快，关于0的说法传到罗马教皇的耳朵里，教皇非常气愤，大发雷霆：“神奇的数字是由上帝创造的，上帝创造的数字当中根本就没有‘0’这个异物。谁那么大胆，竟把这个异物引进来玷污神圣的上帝？”

教皇下旨抓了这位学者。

这位学者就这样被莫名其妙地抓了起来，还被施行了残酷的刑罚。

知识链接

中国是世界上最早采用十进制记数的国家。“0”这个符号的产生，主要是为了弥补十进制记数法中的缺位。

从公元7世纪起，中国开始采用“空”字来作为零的符号。只是中国古代的零是圆圈○，现在使用的“0”这个符号是在13世纪的时候由伊斯兰教徒从西方传入中国的。那时候，中国的圆圈○已经使用一百年之久了。

拓展视野

“0”是一个非常简单的数字，但也是一个很有意思的数字。它有很多独特的性质：任何数加上或减去0，得数还是它本身；一个无论多大的数乘以0，得数都是0；末尾是5的数和偶数相乘时，得数的末尾数也一定是0。

笑吧

儿子问爸爸：“1和20，哪个数大？”

爸爸：“自然是20大。”

儿子：“那么，我考试得了第20名，不是比得了第1名好吗？”

2.十进制的由来

在我们中国，很早就开始用十进制了，在出土的距今三千多年的甲骨文中，人们就发现了十进制。

关于十进制的产生，有这样一个故事：

很久以前，矮人部落与野兽之间发生了一场激烈的战斗，经过大家共同的努力，矮人部落大获全胜。

于是，矮人首领开始对所有的野兽进行清点。清点的工作由矮人部落管理仓库的人进行。他把每个野兽对应着自己的一个手指，一根指头代表一头野兽，两根指头代表两头野兽……

可是，人的手指头只有十个，并且这次矮人部落打到了很多的野兽，管理员十个手指都用完了也没数完，这该怎么办呢？正当大家一筹莫展的时候，矮人首领的小儿子说："既然用完了十根手指，我们可以先把已数过的十只野兽放在一边用一根绳子捆起来打一个结，表示十只野兽。然后接着用手指数，够十个再放一堆，这样一个结一个结地打下去，我们不就知道一共打了多少头野兽了吗？"

大家都认为这个办法很好，负责统计野兽的人用这个方法出色地完成了任务。

这就是"逢十进一"的十进制的最早由来。

知识链接

中国古代还有二进制的萌芽：例如在《易经》中的六十四卦：用两个短横和一个长横来预测凶吉。德国数学家莱布尼茨从《易经》中得到启发，他发现，可以把两个短横看作0，把一个长横看作1，于是发明了二进制。

拓展视野

古代人也使用五进制，例如在选票的时候，常常写“正”字来代表数目，这就是典型的五进制。

一直使用到现在的“天干”是文字形式的十进制：甲、乙、内、丁、戊、己、庚、辛、壬、癸。

“地支”是文字形式的十二进制：子、丑、寅、卯、辰、巳、午、未、申、酉、戌、亥。

考考你

请你找出这些数的变化规律，在问号处填上数字。

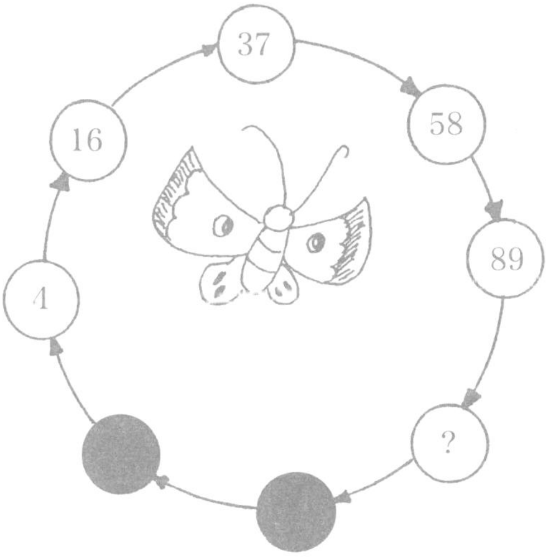

答案

应填入145。因为从4开始，$4^2=16$，$1^2+6^2=37$，$3^2+7^2=58$，$5^2+8^2=89$，$8^2+9^2=145$。

3.+、－、×、÷和=的由来

“+、－、×、÷”符号是为了简化数学问题才创造使用的。

“+、－”符号是1849年德国的数学家维德曼首先创造出来的，维德曼当时的工作是帮助政府和商人进行数字计算。

由于政府和商人业务繁忙，维德曼经常因为繁琐的运算而身心疲惫。于是，他决心找到一种简单些的运算方法。

怀揣着这样的想法，维德曼最后终于找到了理想的解决方案，他决定用“+、－”符号代替加、减运算的语言叙述，其他人在使用了这些符号之后也都感到了运算的便利和快捷。从此以后，“+、－”符号就开始被广泛应用了。

“×、÷”符号是在“+、-”出现很长时间以后才被创造出来的。“×”的创造者是英国数学家奥特雷德。奥特雷德十分喜欢发明符号，他在17世纪初所著的《数学之钥》中造出了150多个数学符号，可是使用到现在被承认的符号只有包括“×”在内的3个符号。

17世纪的瑞士人拉恩是第一个使用“÷”的人，可在当时并未被大家接受，使用范围并不广泛。又过了一段时间，英国的约翰贝尔在其数学著作中使用了此符号之后，“÷”才逐渐被大家所接受。

“=”的发明比“×、÷”要早。1557年英国数学家雷科德的著作就已经使用了“=”。他说，世界上没有任何东西像平行线一样相同，用两条平行线表示相等再合适不过了。

这是一道数学题，但它是错的，请你移动1根火柴，使等式两边成立。你会吗？

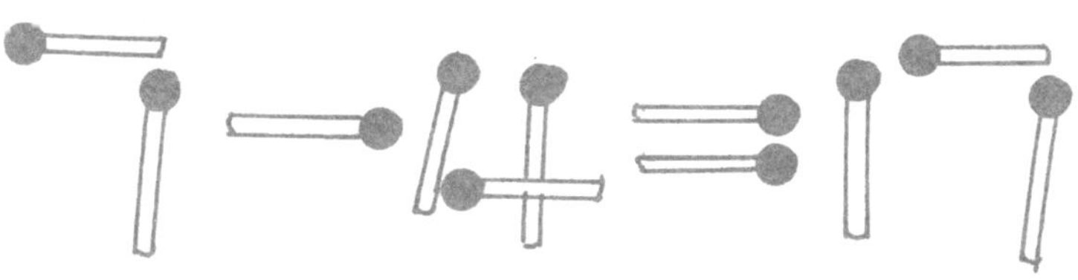

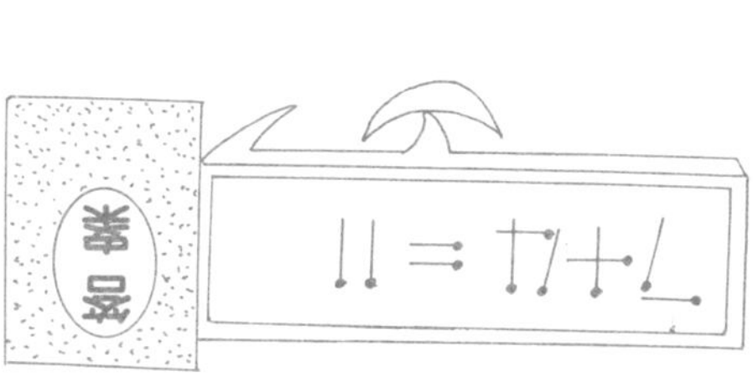

4.数字中的秘密

花狗探长最近在查一起毒品案，据说鹿先生有线索，一大早，花狗探长和助手黑熊就来到鹿先生家中，可是一向守时的鹿先生却不在家。

本来约好时间的鹿先生不可能连招呼都不打就走了啊。花狗探长和黑熊满脸疑惑地交换了一下眼色。花狗探长说："不会发生了什么意外的事情吧！我们得检查一下。"说着，两人开始检查房间。

房间里整整齐齐的，并没有什么动过的痕迹，只有桌子上比较凌乱。

忽然，黑熊从桌上的一堆纸中拿出一张纸条说："看，这是什么？"他指着纸上的字。

花狗探长接过来一看，只见上面写着几个数字：

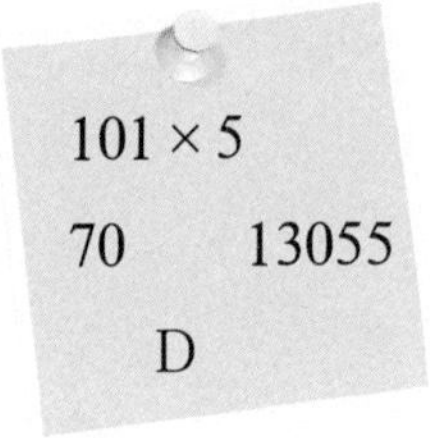

黑熊看着上面的字说道："这说不定是哪儿的电话号码呢！真奇怪，上面的数字怎么这么莫名其妙呢？"他百思不得其解。

花狗探长看了看上面的数字，猛地从腰间拔出手枪，对黑熊说："赶快去救鹿先生，我们开车到他的老板家去。"原来，鹿先生是森林里一家工厂的雇佣人员。

那么，花狗探长是如何从这一系列奇怪的数字里看出鹿先生遇险，并且在他老板家里的呢？

科学揭秘

花狗探长是这样分析的：“101×5”其结果等于505。而505不就正像国际遇险呼救信号SOS吗？“70 13055”在英义中即为TO BOSS。因为在英文手写体中TO（即“去”的意思）是可以写成“To”的，把“13”合起来，“13055”就成了英文字母中的BOSS（意思是老板），那整个号码的意思即可翻译为：

SOS

到老板家去

D（鹿的第一个字母）

原来鹿先生在这家私人工厂工作时，发现了这家工厂在生产毒品。他正打算向花狗探长报告，没想到他的老板得到了消息，派人到他家把他劫持了。匆忙之际，鹿先生想出了这个绝妙的主意，用数字报出自己遇险和所在地点。

考考你 观察下图圆圈中的数字，有某种特殊的联系，请你把答案填在问号处，你能填出来吗？

答案 应填入10。因为各对角中的数大数减小数都为6。

5.诸葛亮点兵

三国时期的诸葛亮机智过人，精通天文、地理、数学等各种科学。

一天，诸葛亮去校场清点兵马。士兵们整整齐齐排好队，鲜艳的旗帜迎风招展，等着诸葛亮到来。这时诸葛亮手持羽扇，好威风，昂首阔步登上点将台。随从们站在边上，听候诸葛亮发令。

诸葛亮胸有成竹，手执令旗，调遣军队。只见他呼啦啦把旗一挥，发出信号。士兵们的队形马上发生了变化，排成3列横队，前后对得整整齐齐。诸葛亮默默记下了不足3人一排中余下的人数。接着，诸葛亮的令旗又一挥，士兵们排成5列横队，每5人一排也对齐。诸葛亮又记下最后一排不足5人的人数。最后，诸葛亮再变一次队形，把整个军队变成7列横队，每7人一排也对齐。诸葛亮再数了不足7人一排中的

人数。诸葛亮就根据这三个数，很快算出缺席士兵的人数。

在《算经十书》中有一道题与诸葛亮点兵的方法相同，大致意思是这样的：

有一堆东西，个数不知道。不过，三个三个一数，剩两个；五个五个一数，剩三个；七个七个一数，剩两个。请问一共有多少个？

这个问题的解法在书中也有详细阐述。人们把这类问题称为“中国剩余定理”或“孙子定理”。明朝数学家程大位还编出一首歌诀，通俗易懂：三人同行七十稀，五树梅花廿一枝，七子团圆正半日，除百零五便得知。

这首歌诀说的是：把除以3的余数乘70，把除以5的余数乘21，把除以7的余数乘15，然后将三个积加起来减去105的倍数或加105的倍数，所谓结果即为所求。

考考你 观察下图圆盘中的数字，从8开始，到54结束，请你根据其中数字变化的规律，推出问号处该填入什么数字。

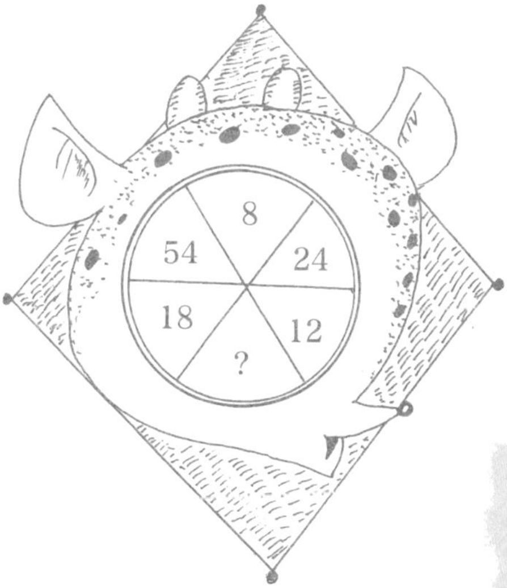

答案 应填入36。顺时针方向，两个数为一组，每组的后一个数字都是前一个数字的3倍。

6.奇妙的巨石阵

在英格兰东南部一个小村庄里，发现了一座由许多根高大石柱围成的石头建筑。

这个石头建筑非常奇特，它的石柱排成圆形，直径70多米，最高的有10米，平均重20多吨。有些石块放在两根竖直的石柱上。

1965年，一位叫霍金斯的天文学家来到这座巨石阵，对它进行了仔细的测量和计算。他发现了一个重要的事实：巨石阵的中间是一圈石柱，外围还有许多大大小小的石块，其中许多石头两两连接而成的直线，则对准每个特定时刻的天体，主要是太阳和月亮的方向，而这种连线竟有两万多根。

霍金斯把它们输入电子计算机，得出的结果令他惊奇和震惊：原来这个巨石阵是古代居民用来确定24个节气的“石头天文历”！其中有一组石头，共14块。它们的连线中有24根线分别在夏至、冬至和其

他节气时，指向太阳和月亮升起或降落的方向。又比如，太阳光或月亮光穿过由石柱构成的“石门”或“石窗”时，也都标志着历法上的某个时刻。

巨石阵带给霍金斯的震惊还不止于此。霍金斯后来还从史书中发现了关于石头城的记载，上面说：“月亮神每隔19年要光临这个小岛一次。”这难道是指在当地能观测到的月食的周期吗？于是他又制订了新的计算方案，输入电子计算机中，结果表明：石头城不但能确定季节，还可以用来计算日食和月食的日期。

在三千多年前，人类就能创造出这样的巨石阵，足以看出人类的伟大。巨石阵含有天文、数学知识，是一台计算天文历法的“巨石计算机”。

考考你　观察下图圆盘中数字，请你找出图中数字的变化规律，然后推算出问号处的数字。

答案　应填6。因为从9到36，其对角中的数字，可得出商分别依次为3、4、5……由此推算出问号处应填6。

7.三个坏蛋偷鸡

黄鼠狼、狐狸、大灰狼已经有很长时间没吃到东西了。为了找到食物，三个家伙来到一个村子前。

狐狸和黄鼠狼私交甚好，因此，它俩一致推举大灰狼进村去侦察情况。大灰狼没办法，只好硬着头皮朝村里摸去。

村里静悄悄的，狼看到所有的笼子中间都钉有木板，看不到猎物的身子，只能看见晃动的头和立在地上的脚。

狼跑回来和两个伙伴商量说："我看不清有多少只兔和鸡，只能看到它们的头和脚，这可怎么办？"

狐狸想了一下说："没关系，你只要数清楚有几个头和几只脚，我俩就能算出有几只兔子、几只鸡。"

不一会儿，狼回来了，气喘吁吁地说："我数出来了，在村北的一个大笼子里有22个头，72只脚。"

狐狸问："数对了吗？"

"没错，我数了三遍。"狼说。

"好。"狐狸在地上用树枝算了起来。过了一会儿，它说："我知道了，笼子里有14只兔子、8只鸡。"

黄鼠狼一听，高兴地说："咱们快去偷吧！"

大灰狼摸着头，不解地对狐狸说："你是怎么算出来的？"

你明白吗？

科学揭秘

狐狸是这样算的：一共有22个头，假定把兔子算作两只脚，这样22只鸡和兔子都长有两只脚，共有22×2=44只脚。从72里减去44，剩下的就是每只兔子另外那两只脚的总数，再除以2，就是兔子的数了。从总数减去兔子数就可以得出鸡的数量了。

移一移

这是一道加法等式题，现在请你移动2根火柴，使其变为减法等式题。

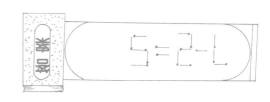

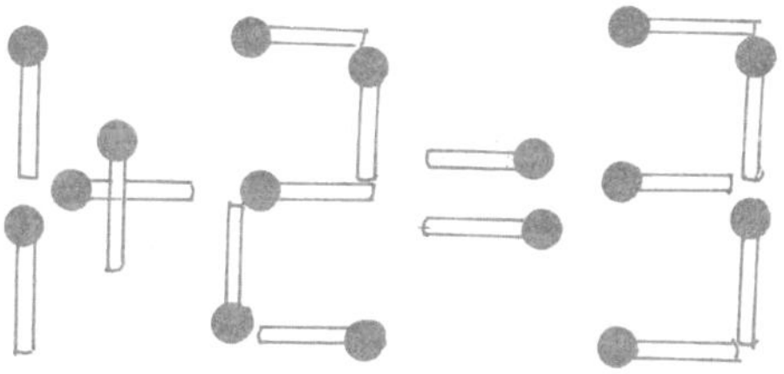

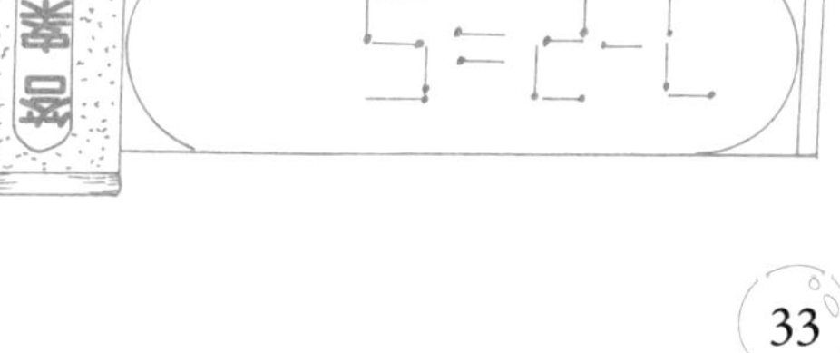

8.巧分美酒

很久以前的埃及有一个开明的君主，叫福拉特。他非常重视人才，对臣子们爱护有加。有一年，国王邀请了很多大臣参加自己的生日宴。国王非常高兴，决定把印度进贡的100升美酒赏给最有功的10位大臣。

国王一一说出这10位有功之臣的名字，并且亲自把他们按照功劳的大小排成一队。第一个人的功劳最小，第二个人比第一个人功劳大，第三个人又比第二个人功劳大……这样一直往后排，一个比一个功劳大，第十个人的功劳最大。

排好以后，国王便对这10位功臣说："这100升美酒，要看你们的表现，按照功劳大小来分。在队伍里，如果第一个人得到了1份，那么比他功劳大的第二个人，应该得到2份，第三个人要得到3份……第十个人要得到10份。按照这个办法，你们自己去把美酒分了吧！"

这10位大臣连忙向国王谢恩。但是，当他们去取酒的时

候，却不知道自己应该取多少。商量了半天，他们也不知道怎样按照国王的办法来分配这100升美酒。

请你来帮他们分分吧！

科学揭秘

步骤如下：

第一步，把1到10这十个数加起来，即：1+2+3+4……+10=55。

第二步，用100除以55，得：$100\div55=\frac{20}{11}$（升）。这说明第一个人应得到$\frac{20}{11}$升酒。

第三步，其余的人，用他的名次去乘以$\frac{20}{11}$，便是每个人应得的酒的升数。就是：

第二个人应得：$2\times\frac{20}{11}=\frac{40}{11}$（升）

第三个人应得：$3\times\frac{20}{11}=\frac{60}{11}$（升）

……

第十个人应得：$10\times\frac{20}{11}=\frac{200}{11}$（升）

考考你

观察下图，从8开始，到“?”处结束，请你根据其中数字变化的规律，推断出问号处所缺的数字。

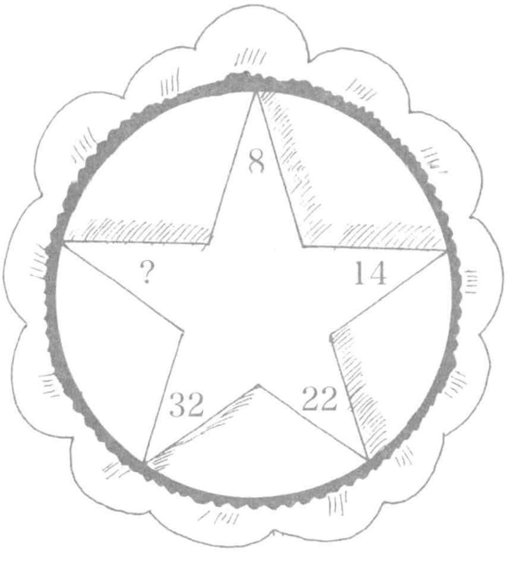

答案

应填44。因为沿顺时针方向，前一个数分别加6、8、10……得后一个数。

9.一次著名的试验

蒲丰非常好客，1777年的一天，他约了很多朋友来家里玩。

突然，蒲丰拿出一张大白纸来。他在白纸上画满了一条一条等距离的平行线。他又拿出很多一样长短的小针。每根小针的长度都是平行线间距的一半。

然后，蒲丰对朋友们说：“好了，请你们随意地把这些小针扔到白纸上。”客人们都很纳闷，谁都不知道他想干什么。他们你看着我，我看着你，只好一根根地把小针往白纸上扔，扔完了把小针捡起来再继续扔。

客人们扔的同时，蒲丰在旁边认真地计数。

等大家都扔完了。蒲丰发现，统计的结果是，大家一共扔了2212次，其中与直线相交了704次，用2212除以704，等于3.142。

“朋友们，你们发现了吗？这个结果正好与圆周率非常接近。”蒲丰这才对大家说明自己的意图。

大家都很奇怪，这些随意扔出的结果怎么跟圆周率π扯上

关系了呢？

蒲丰接着说：“怎么？你们不信吗？我们可以继续试验，每次得出的结果都是圆周率的近似值，而且扔的次数越多，结果越接近。”

客人们又扔了很多次。结果还是那样，每次都非常接近π。

这就是著名的“蒲试验”。

后来，到了1901年，又有一个意大利人做了这个试验，他扔了3000多次，最后得到的结果是3.1415926。

同学们，如果你有兴趣也可以试一试哦，挺有趣的！

考考你

观察下图圆盘中数字，从15开始，到“？”处结束，请你找出其中数字变化的规律，推断出问号处该填入什么数字。

答案

应填入6。仔细观察可发现图中有两组规律数列，从15开始，顺时针方向，与后面所隔数字构成等差递减数列，即“15−12=3”“12−9=3”……从13开始，“13−11=2”“11−9=2”……所以，问号处的数字应为6。

10.格雷船长的宝藏

格雷船长突然在一个海滩被暗杀，这在当地引起了极大的轰动。格雷船长曾经当过海盗，据说他把许多珠宝埋藏在一个岛上，可是无人知道这个岛在哪里。许多人都想找到它。

在一个风雨交加的晚上，一个大汉闯入了多伊尔的旅馆。

大汉坐下，开始一个人喝酒，不一会儿，他有了点醉意，开始哼起歌来："王子的棺材上有15个人，哎嗨！喝口朗姆酒，把棺材的盖子折叠在一起，15个人两两成伴，没伙伴的人也不用担心，因为他的伙伴就是宝贝……"

这首歌是格雷船长写的，据说歌词跟宝藏岛的位置有关，所以几乎所有的人都会唱，但是谁也不知道歌词到底暗示了什么。

大汉看到多伊尔在一旁偷笑，愤怒说道："臭小子！你笑什么？你敢小看我！我有格雷船长的地图！"

大汉边说边从口袋里拿出几张纸来。多伊尔一看，真的是地图，而且是好几张。

大汉开始介绍自己。原来他曾经是格雷船长最信任的部下，是船长出事那天最后一个见到船长的人。格雷船长感到自己有危险，就把地图交给大汉，自己中枪身亡了。大汉为保护地图逃走了。但是为了安全，船长还绘制了几幅假图，给寻宝人增添了许多麻烦。

多伊尔开始琢磨，他想了一会儿，突然高兴地跳了起来。

“大叔，想想那首歌，第一句，王子的棺材！王子死后，他的尸体会和好多的金银宝贝埋在一起，所以这里的王子棺材一定指的就是藏宝地图！快看有没有像棺材模样的地方。”

多伊尔抓起一张地图说：“这张地图可以作为棺材盖的部分，共有15个岛。歌词中的15个人就是这15个岛了。你看，这些岛真的都是以人名命名的。”

大汉很是佩服多伊尔的推理能力。多伊尔接着说：“按照歌词把棺材盖折叠的话……看，15个人两两配对了！”

两人开始研究地图上的棺材盖。那里有一层薄纸覆盖在上面，多伊尔打开薄纸，地图上的棺材盖成了正八角形。

“如果一个图形沿着一条直线对折，两侧的图形可以完全重合，这个图形就是轴对称图形。把地图上的棺材盖按照轴对称折叠起来，就有14个人刚好两两成对。剩下的一个岛没有伴是吧？跟这个岛相连接的部分一定就是藏宝岛的位置！我们试试用这种办法折叠地图！”

多伊尔开始折叠地图。他们两人很快找到了宝藏岛的位置，找到了格雷船长的财宝。

笑吧

历史课上，老师问道：“谁知道武则天是什么人？”学生：“武则天是数学家，过五则添，就是发明四舍五入的那位大数学家。”

11.爱因斯坦解惑

爱因斯坦从小聪明好学。有一次，他到工程师雅谷布那里去玩，雅谷布非常喜欢这个聪明伶俐的少年。此时，爱因斯坦对数学有浓厚的兴趣。

“叔叔，学了代数有什么用呢？”爱因斯坦面露愁容地问。

看着爱因斯坦迷惑的目光，雅谷布想了一会儿，接着，他给爱因斯坦讲了一个故事：

从前，有一个偏僻的小村庄。有段日子，村子里闹狼，弄得鸡犬不宁。人们对狼恨之入骨，几次进山搜捕，都没有找到狼的踪迹。

初冬，下了一场雪，一条贪婪凶残的大灰狼又闯进村子，被人们发现后仓皇逃跑，躲入了一个洞里。村里的猎手拿起手中的猎枪，一步一步地逼近洞口。

“呜……”洞内发出阵阵吼声。这是大灰狼在向猎人示威。

“砰！”一枪射向洞内。

大灰狼突然从洞里冲出来，夺路而逃。

“砰！”又是一枪，正好击中大灰狼的后腿。

大灰狼倒下了，被猎人用绳子死死捆住，一点儿也动弹不得。

大灰狼被捉住了，大家非常感谢猎人，赞扬他为民除去一害，做了一件好事。

这个故事深深地吸引了小爱因斯坦的注意力，但是他并不知道这和代数有什么关系。

爱因斯坦感到工程师并没能回答他的问题。这时雅谷布继续说："我们代数里也有'大灰狼'，方程里的未知数x就是我们要逮的'大灰狼'。"

"捉大灰狼不容易，解方程也不简单。去分母，脱括号，移项，合并同类项……可是当你经过一番努力，求出方程的解以后，你就会感到有一种说不出的满足和愉快，正好像猎人逮住大灰狼时的心情一样。"

爱因斯坦迷惑的眼睛突然放出了光芒，他不再迷惑了，他知道了什么是代数学，并且深深地喜欢上了它。如果没有数学的帮助，他不可能成为伟大的物理学家。

考考你 观察下图中的数字，从6开始，到"？"处结束，请你根据数字变化的规律，推断出问号处该填什么数字？

答案 应填入18。图中数字分别为两组等差递增数列，按顺时针方向，从6开始的一组数，隔数字递增4，即"6+4=10" "10+4=14"……从8开始的一组数，隔数字递增3，即"8+3=11" "11+3=14"……所以问号处应填18。

12.美妙的黄金分割

毕达哥拉斯是古希腊著名的数学家和哲学家。

有一天毕达哥拉斯外出时，经过了一家铁匠铺。“叮当，叮当……”他注意到铁匠师傅用铁锤敲击铁砧的声音非常奇妙。

这位细心的学者便停下脚步，仔细地听着。

毕达哥拉斯对打铁声音非常熟悉，可是，这一次他听到的声音好像“与众不同”，这叮叮当当的敲击声是那么和谐，简直像音乐一样。

怀着好奇心，循着叮当的打铁声，毕达哥拉斯走进了这家并不起眼的铁匠铺。看着熊熊的炉火和满面红光的铁匠，这个“书呆子”不解地问：“师傅，你先停停，你打铁的声音怎么如此特别呢？”

铁匠放下铁锤，喘着粗气说：“有什么特别呢？难道打铁能打出音乐？”

“是啊，你的铁锤和铁砧之间敲击发出的声音，与别的铁匠铺里发出的声音不一样。这是一种很和谐的声音。”毕达哥拉斯认真地说。他被这个现象吸引住了。

毕达哥拉斯掏出了随身带

着的一把尺子，用它绕铁锤量了一圈，又绕铁砧量了一圈，发现铁锤和铁砧之间的比恰好是1：0.618。

“难道这和谐的声音与铁锤、铁砧之间的大小有关？是不是每一个铁匠铺里的铁锤与铁砧之间都有这样的比例？”毕达哥拉斯迷惑不解地问道。

“我从没注意过这些。”铁匠对毕达哥拉斯的询问也非常迷惑。

“那好。我再到别的铁匠铺里看看。”说完，毕达哥拉斯离开了这家铁匠铺。

执着的毕达哥拉斯对大街小巷的铁匠铺多次走访，量了无数家铁匠铺的铁锤和铁砧，终于发现，只要两者之间的比是1：0.618，敲击的声音就比较优美、悦耳。

这就是最早发现黄金分割定律的故事。

拼一拼　请你将这个图形剪一刀，然后拼成一个正方形。

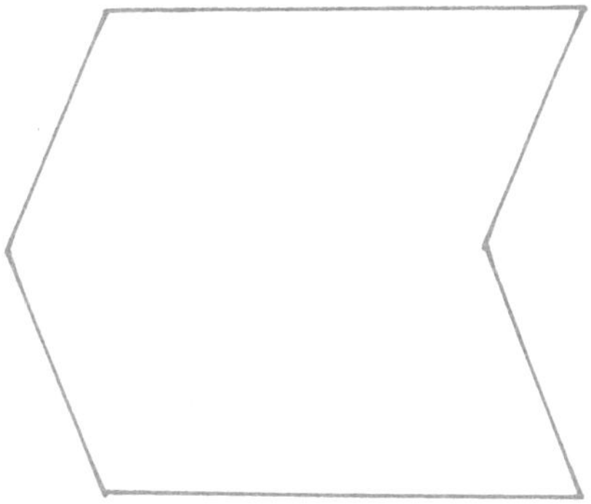

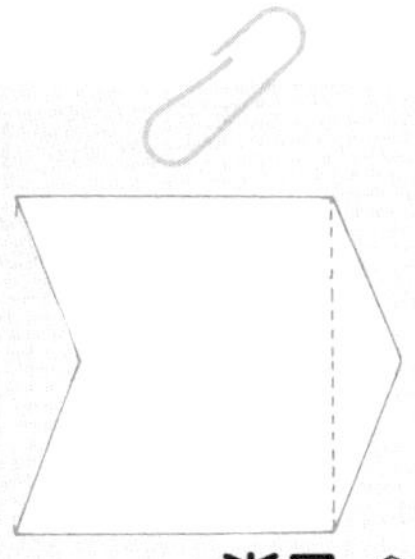

答案

13.数论大师

2700年前的古希腊，诞生了一位伟大的数学家毕达哥拉斯，他在年轻的时候曾经拜一些著名的哲学家、数学家为师，后来又到外国生活了二十多年，广泛学习了许多的天文学和数学知识。到了50岁的时候，他回到自己的国家，创办了自己的“学校”。

在这个学校里，有着许多严格、神秘的戒律。学生们要把自己的财产交出来，共同使用，不许有自己的钱财。学生的知识全都由毕达哥拉斯来传授。但是，并不是每个学生都有资格见到自己的老师。另外还有许多奇怪的规定，例如，不准吃豆子，甚至连豆子地也不准踩。每个新入学的学生都得宣誓，严格遵守秘密，并终身只加入这一学校，谁也不准将知识传播到学校外面去，否则就将受到极其严厉的惩罚。

毕达哥拉斯最著名的数学发现是勾股定理，除此之外，他还有很多的发现。他最主要的兴趣，是一种叫做“数论”的领域。

毕达哥拉斯很注意把数和形紧密联系起来，他把数描绘成沙滩上的小石子，并按小石子所能排列的几何形状来给数分类。比如，他把1、3、6、10、15等数叫三角形数，因为这些相应的小石子能够排列成正三角形。同样的道理，1、4、9、16……叫正方形数；1、5、12、22……叫五边形数。

通过这些排列，整数的一些性质就能够很清楚地看出来了。

这样，毕达哥拉斯研究的数，已经不是一个个具体的数目，他研究的几何图形，也不是具体的物体的形状，他研究的是数和形这些抽象概念的规律，这是他对数学的最伟大的贡献之一。

然而，毕达哥拉斯在政治上却是很保守的，他极力反对当时的民主制度，所以最终受到了追杀，他被迫逃亡。

在躲避追杀的时候，他逃到了一块豌豆地前。要想逃命，除了穿过这块豌豆地外，没有别的路更好走。可是毕达哥拉斯学派规定，是不准踩豆子地的，毕达哥拉斯在这生死关头，却仍然遵守着这条戒律，于是，他停止了逃跑，坐在了豌豆地旁。不久，追杀他的人赶到，毕达哥拉斯就这样被杀了。

考考你

观察下图，从4开始，到“?”处结束，请你找出这些数字变化的规律，推断出问号处该填入什么数字。

答案

应填入35。因为从4开始顺时针方向，此数列依次增加1、2、4、8、16，所增加之数为前一次增加数的2倍。

14. 被逼出来的解法

一场激烈的数学竞赛，竟然推动了一个伟大的发现——一元三次方程的求根公式。参加数学竞赛的两个人分别是塔塔利亚和菲俄。

塔塔利亚本名叫尼克罗，他7岁时父亲就去世了，家境贫寒，但他十分好学，没有钱买纸和笔，就在父亲的青石墓碑上写字计算。勤奋刻苦的他，不到30岁就当上了威尼斯大学的数学教授。

在他教书的时候，许多人向他请教解三次方程的方法。但是，这在当时是一个大难题。塔塔利亚通过努力，发现了一种解特殊的三次方程的办法。但是他看到了许多人来请教，便夸大其词，声称自己会解一般的三次方程。

可是，一个叫菲俄的大学教授并不相信这是真的，因为他觉得：“全世界只有我才会解三次方程，这可是大名鼎鼎的数学家费罗教授传给我的独家秘方。塔塔利亚怎么会比我还厉害呢？不可能。”菲俄不服气地向塔塔利亚提出了挑战。他们决定用当

时流行的数学竞赛办法来一决胜负。

塔塔利亚接到挑战也急了，因为他只会解特殊的三次方程。“这下糟了，牛已吹出去了，到时候肯定有很多人看比赛，如果输了的话就太丢脸了，怎么办？”

到了现在只有真正找到解三次方程的方法，才能解决眼前的燃眉之急。为了这个他常常彻夜难眠，一直到比赛前10天，他终于找到了一种比较好的解法。

比赛正式开始，菲俄出的题目果然有三次方程。塔塔利亚早有准备，拿出笔来，“刷刷刷”，才两个小时，就把所有的题目解完了。比赛的结果，当然是塔塔利亚大获全胜。

后来，更多的人来向塔塔利亚请教三次方程的解法，可他总是回避。有了上次的教训，他再也不敢夸大其词了。从此，他更专心地投入三次方程的研究，并找到了比较完整的解一元三次方程的方法。

考考你　请你根据下列数字变化规律，推断问号处应填入的数字。

答案　应填入3。每一横行的前两个数相减，得到后一个数，即8−5=3，4−2=2，9−6=3。

15.有趣的"1"

我们知道，数字1是单位分数的分子,它是代表着世间万物基础的数字。

虽说1是基础的数字，但它却有着特殊的含义。

数字1很奇怪，它可以除尽所有其他的自然数，但不能被其他的自然数除尽。由于1的种种特性，为它下一个准确的定义就变得十分困难。古希腊人曾经为如何给1下定义绞尽了脑汁，最后决定不把1认定为单纯的数字，他们认为1既能包含所有的数字，同时又从属于其他数字。

在分数中，说到"整体的份"的时候，1所代表的就是"整体"。因此在古希腊时期，人们往往认为第一个奇数是3而不是1。

在信仰比任何科学都重要的中世纪，1就代表着神。

我们大家都知道，排序的时候，1就意味着第一位。而第一位，往往指的是头目、元首等。数字1代表着一切事物的开始。1代表万物，因此也就成了数字王国的国王了。

可是在衡量物品的数量或大小的时候，1又

被用作代表“很小”、“少”的意思。这时的1，和刚才所说的代表顺序的1的意思就完全相反了。

小朋友，你们看，“1”是多么有趣的一个数字呀！

下面这个算式是错的，现在请你添一根火柴，使等式成立。

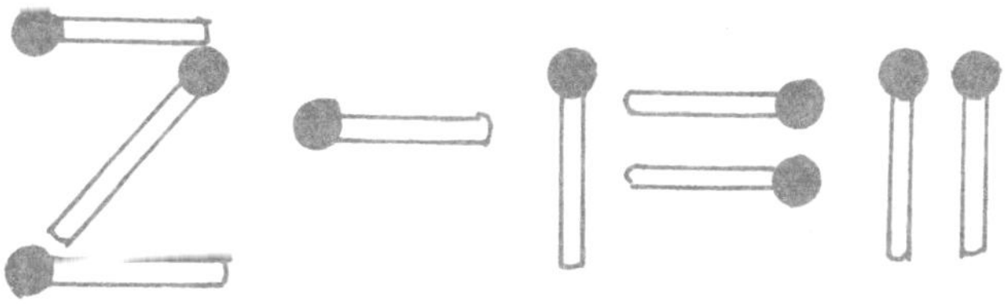

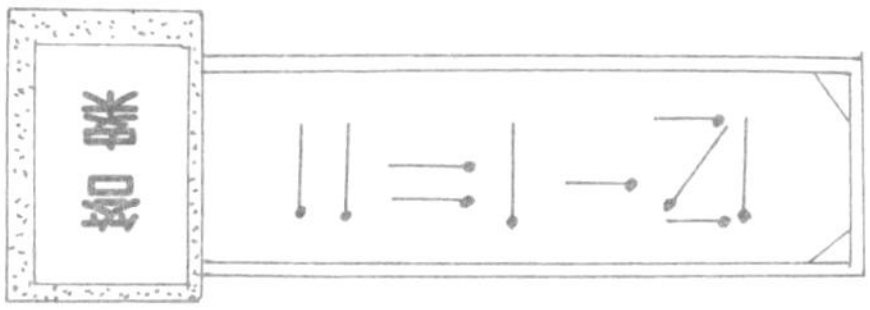

16.希腊数学鼻祖泰勒斯

在一个名叫米雷托斯的小城里，诞生了享有“希腊数学鼻祖”之称的泰勒斯。

泰勒斯小时候，做过贩卖盐的生意。每天，他都要把一大袋沉沉的盐放在驴背上，然后自己也骑在驴背上，渡过一条小河，到对岸的集市上卖。

有一天，在过河的时候，驴不小心踩空了脚，倒在了河水里。受了惊吓的驴费了九牛二虎之力才站了起来，但它忽然发现背上驮着的盐轻了许多。

聪明的驴子发现了其中的奥秘，它背上沉重的负担原来一碰水就轻了，这让它窃喜不已。

从此，每当驮着东西过河的时候，驴都要故意滑倒在河水里。驴不断地故伎重演，泰勒斯终于看出了一些端倪。

为了给这头驴一个教训，泰勒斯便将盐换成了棉花。这次驴当然不知道，今天驮的东西没轻，反而重了许多。从此，这头驴再也不敢耍心眼了。

后来一个偶然的机会，泰勒斯去了一趟埃及。当时，埃及是一个文明高度发达的国家，在它鼎盛时期建造的金字塔一直保留至今。

泰勒斯早就听说，埃及秘密珍藏着许多古传的书籍，因此，他一到埃及，就托人四处打听那些书籍的下落。最后，他终于探听到了古籍藏在一家寺院里。于是，他连夜赶到了寺院，诚恳地请求僧人让他亲眼看一看那些书籍。起初，看守僧人说什么也不肯答应。

精诚所至，金石为开。看守书籍的僧人被他的诚意所感动，终于同意了他的请求。

这些古传的书籍大多是数学和天文方面的著作。泰勒斯废寝忘食地研读起来，以至于后来他比常年守护书籍的僧人更熟悉书中的内容。

泰勒斯总是认真地观察日常生活中的各种现象，刻苦钻研事物运行的规律，具有极强的前瞻性。

多年的刻苦研究形成的良好思维习惯，为他日后成为“希腊数学鼻祖”奠定了坚实的基础。

考考你　观察下图，从7开始，到“?”处结束，请你根据数字变化的规律，推断出问号处该填入什么数字。

答案　应填入19。图中数字分别为两组规律数列，按顺时针方向，以7开始的一组数，隔数字依次增加3、4、5、……即“7+3=10”“10+4=14”……从14开始的一组数，隔数字依次减2、3……即“14−2=12”“12−3=9”……所以问号处应填19。

17.这是谁的发现

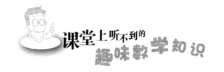

塔塔利亚发现了一元三次方程的解法，可是一元三次方程的求根式却以卡当的名字命名，叫卡当公式。这是为什么呢?

塔塔利亚在与菲俄的数学挑战中获得胜利以后，这个消息传遍了意大利，也传到了数学家卡当的耳朵里。卡当正在编写一本数学专著《大法》，他非常想把解三次方程的最新成果写到书里。

他就去找塔塔利亚，要求塔塔利亚把三次方程的解法告诉他。塔塔利亚当然不会轻易开口，可是卡当也没有轻易放弃。他用了各种方法，对塔塔利亚软磨硬泡，还对天发誓一定不会告诉别人。最后，塔塔利亚毫无办法，只好把解法写成一首很难懂的诗，交给了卡当。

卡当回去以后，拿着塔塔利亚给他的诗，细心琢磨，仔细研究，经过一番努力，终于搞清楚了诗的意思，还给出了证明。他把这个解法写进了他的《大法》这本书里，不久，这本书就以他的名义出版了。

对于三次方程的解法，他在书里面这样写道：“这一解法来自一位最值得尊敬的朋友——布里西亚的塔塔利亚，塔塔利亚在我的恳求之下把这个方法告诉了我，但是他没有给出证明。我找到了几种证法，证法很难，我将它叙述如下。”

从此，人们为了纪念卡当，就把一元三次方程的求根公式称作“卡当公式”，而最先发现解法的塔塔利亚反倒默默无闻了。

卡当违背了自己的誓言，不过他在公布的时候，并没有把这个功劳揽到自己身上，而是如实地说明了这是塔塔利亚发现的，而且他对这个公式做出了证明，对塔塔利亚的工作进行了补充，在数学史上也有不可替代的贡献。

从此，别的数学家都可以分享这个成果了，省去了很多人研究此法的时间，因此，卡当的贡献是不可磨灭的。

考考你　请你根据鸡身上数字变化的规律，推断出空格处的数字是多少。

答案

应填入4。可以从7开始顺时针看，7和4之间差3，4和2之间差2，2和5之间差3，5和3之间差2，3和6之间差3……由此可看出，它们依次相差之数为3、2、3、2、3……由此可推算出所空处应填4。

18.战争中走出来的代数之父

数学的语言是什么？x、y代表未知数表示的方程式就是数学的语言。

数学的语言是很方便的工具，如5x+6=50，用数学语言就能把“一个未知数的4倍加上6等于50”很简明地表达出来。可是这套语言并不是从来就有的，而是有人创造出来然后推广使用的。这个人就是伟大的数学家韦达。

韦达是16世纪末的法国科学家。首先开始有意识地系统地使用符号的人就是韦达。因为他在现代的代数学的发展上起了决定性的作用，后世称他为“代数之父”。有趣的是，这个被人们称为“代数之父”的数学家竟然在一场战争中起了关键的作用。

那个时候，西班牙和法国正在进行战争。西班牙军队使用复杂的密码来传递消息。这样，就算信件被敌人发现，他们也不明

白其中写的是什么意思。有一次，法国军队截获了一些秘密信件，可就是没有办法破译密码的意思。于是，法国就请韦达来帮忙。经过一番研究，韦达终于解开了密码，从而让法国在战争中取得了先机。法国人对于西班牙的军事动态了如指掌，在军事上总能先发制人，不到两年时间就打败了西班牙。

韦达在破解密码的时候大受启发。他想：密码就是大家事先约定好的一套符号，其实，在数学中，我们不也可以借助这样的做法吗？数学家可以约定好特定的符号表示特定的意思，这样写起来就方便多了。在这件事情的启发下，韦达又进一步研究，出版了一部数学专著。他不但用字母来表示未知数，还用字母来表示方程中的系数，这在当时具有非常重大的意义。

考考你

观察下图数字，从6开始，到“?”处结束，可以看出什么规律？推断一下问号处该填入什么数字。

答案

应填入12。从6开始，顺时针方向，第一个数，第三个数，第五个数……之间是2的递增等差数列；从8开始，顺时针方向，第一、三、五……个数之间是3的递增等差数列。由此可推出问号处应填12。

19.用数学计算星期几

古巴比伦人发明了星期的说法。他们把火星、水星、木星、金星、土星、太阳、月亮加在一起，制定出了月曜日（星期一）、火曜日（星期二）、水曜日（星期三）、木曜日（星期四）、金曜日（星期五）、土曜日（星期六）、日曜日（星期日）。

这种用周来划分月份的方法，为人们制订计划提供了方便。

可是，一个星期有7天，你能算出从今天开始100天以后是星期几吗？

如果一天天地数，中间十有八九会出错。这时如果能够找出日历当中隐藏的数学知识，这件事就会变得很简单了。

首先想一想，今天是星期几，之后把“一周有七天”记在脑子里，不管是100天以后，还是345天后，想要知道那天是星期几，都是不难的。

如今天是星期五，那么100天之后的那天是星期几呢？

如果今天是星期五的话，14 × 7=98，98天后的那天还是星期五，100天后的那天就相当于星期五再过两天，那就是星期日。

1000天后的那天是星期几也可以利用同样的方法进行计算。1000 ÷ 7=142.85，虽然不能整除，但我们可以知道142 × 7的结果在1000之内；142 × 7=994，如果今天是星期日，那么994天后也是星期日，再向后数6天，1000天后的那天就是星期六。

利用这样的方法，“1000天以前的那天星期几”这样的问题也可以不在话下了。如果今天是星期六，那么994天前就是星期六，那么1000天之前就应该是星期六前的第六天，也就是星期日。

小朋友，你看懂了吗？你可以算一下，看看是否和日历上的星期对得上。

考考你 请你根据下图中数字变化的规律，推断出问号处该填入什么数字。

答案 应填入32。图中的数字依次为0、1、2、4的平方的2倍。

20.费马大定理

费马生活在三百六十多年前，一天，他在阅读一本古希腊的数学书时，突然心血来潮，写下一个看似很简单的定理：$x(n)+y(n)=z(n)$正整数解的问题。

费马说，当$n \geq 2$时，就找不到满足$x(n)+y(n)=z(n)$的整数解，例如：方程式$x(3)+y(3)=z(3)$就无法找到整数解。

当时费马并没有说明原因，他只是留下这样的叙述。他说："我已经想出了绝妙的证明，但书上这空白太窄了，无法把它写出来。"他这样一写不要紧，却给后人留下千古的难题。三百多年来，无数的数学家尝试着要去解决这个难题，却都徒劳无功。

这个"绝妙的证明"是什么呢？

数学家们都大伤脑筋。要证明"费马大定律"太难了，连高斯这样优秀的科学家都束手无策！

1908年，德国一个数学组织宣布：谁最先证明出"费马大定律”，就给谁10万马克的奖金，有效期是100年，到2007年为止。

这次悬赏，又吸引了许多人对“费马大定理”的关注。10万马克，这可不是一个小数目，是一个十分具有诱惑力的数目。

很快，在德国乃至欧洲，掀起了一股证明“费马大定理”的热潮。有人统计过，在很短的几年里，德国的各种刊物上就有几种不同的证明。可惜，那些都不是真正的证明。

计算机发展起来以后，许多科学家用计算机计算，可以证明当n为很大时这个定理是成立的。

这个数学悬案被英国数学家威利斯解决了，不过数学家们还没有找到一个普遍性的证明。

考考你

请你根据左边两个三角形数字变化的规律，推断出下面三角形问号处该填入什么数字？

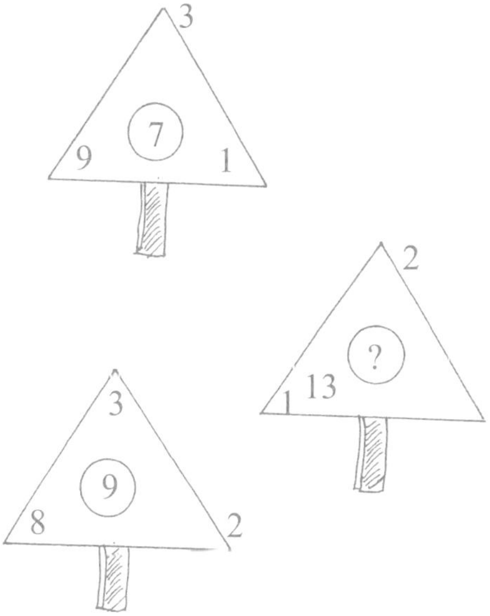

答案

应填入12。将三角形内每个角上的数字相加，再减去三角形外的数，得圆圈中的数。

21.冲破乌云的阿贝尔

一元三次方程解决以后，人们向更高的层次进发了。在解决一元五次方程中，阿贝尔的功劳不可小视。

阿贝尔一生历尽艰辛，为了自己的理想付出了生命。

阿贝尔出生于挪威一个穷牧师的家庭。家里有7个兄弟姐妹。由于家里很穷，小时候上不起学，就由父亲教他识字，他到了13岁的时候才获得一点奖学金，于是到一所天主教的学校上学。由于家庭贫困，他长期处于营养不良的状态，身体非常虚弱，脸色苍白，加上穿的衣服破破烂烂，同学们给他起了一个外号，叫“裁缝阿贝尔”。

在学校，阿贝尔的老师是一个头脑灵活、学识渊博的年轻人，名叫波义。在老师的影响下，阿贝尔深深地爱上了数学。

阿贝尔刻苦地研究前人的著作，深入挖掘前辈的宝贵思想，终于创造出一套崭新的教学方法。运用这些方法，他证明了一元五次以上的代数方程，它们的根式解法是不存在的。也就是说，除了特殊情况以外，对于五次以上的方程，不可能用加、减、乘、除、开方程的系数来表示它的一般

解。

这可是一个重大的突破。可由于当时阿贝尔默默无闻，这个成果没有得到数学界的承认。阿贝尔把他的论文寄给很多著名的数学家看，都没有引起他们的重视。就这样，如此重要的一份论文被搁置在一边，被人们忘却在废纸堆里。

雪上加霜，这时阿贝尔的父亲去世了，家里更加贫穷。他一边上学，还要一边照顾弟弟。但是他没有放弃自己的研究成果，他四处奔波，可是依然一无所获。在贫困和疾病的折磨下，阿贝尔默默无闻地去世了，死的时候年仅27岁。

阿贝尔死后，他的成果引起了人们的重视。为了纪念他，在挪威首都奥斯陆的皇家公园里，为他树立了一尊塑像，他取得的成就是挪威人民永远的骄傲。

考考你 请你根据下图数字变化的规律，推断出问号处的数字是多少。

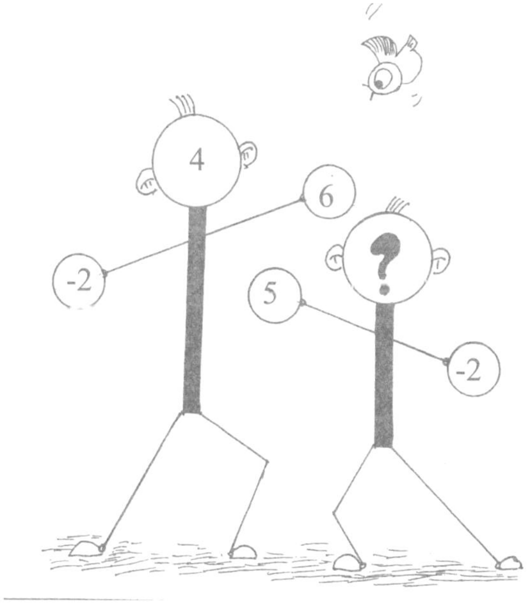

答案 应填入3。向上"手臂"内的数为正数，向下"手臂"内的数为负值，正负相加得头上的数。

22.假老道的骗局

有个人想骗点钱财，于是假扮成一个老道给人们算命。

这位假老道不断地吆喝："看相喽！算卦啦！"

几个放学的小学生凑到卦摊前看热闹，其中一个小学生问旁边的同学："也不知灵不灵？"

假老道拉住小学生说："灵不灵咱们当场试！"

小学生问："怎么试？"

假老道冷笑了一声，说："你只要算几个数，我就立刻知道你的数学和语文的成绩。"

小学生问："怎么算？"

假老道说："你用你的语文成绩乘以5，再加上6，它们之和乘以20，再加上你的数学成绩，最后再减去365，你把最后的得数告诉我。"

小学生认真地算了一下，说："得5203。"

"哈哈……"假老道听完算了算后一阵狂笑，说，"你可真是个'好'学生！你语文考了54分，而数学更惨，只考了个48分，全不及格！"

小学生立刻来了个大红脸掉头就跑。

假老道非常得意，冲着大家拍着胸脯说："我老道就是灵，一算一个准！"

围观的人纷纷掏钱算卦。一会儿工夫，假老道的钱包就鼓起来了。

那么，假老道是怎么算出那个小学生的分数来的呢？

科学揭秘

其实，假老道懂点数学，他是运用数学方法算出来的。他的计算是这样的：

设语文成绩为x，数学成绩为y，

则 $(5x+6)\times 20+y-365=5203$

$100x+120+y-365=5203$

$100x+y=5448$

又由于两科满分分别为100分，故由上式可以看出，等式右边的四位数中，前两位就是语文的分数，后两位就是数学的分数。

拼一拼

如下图所示，只能在这个图形上剪　刀，然后把它拼成一个正方形。你能行吗？

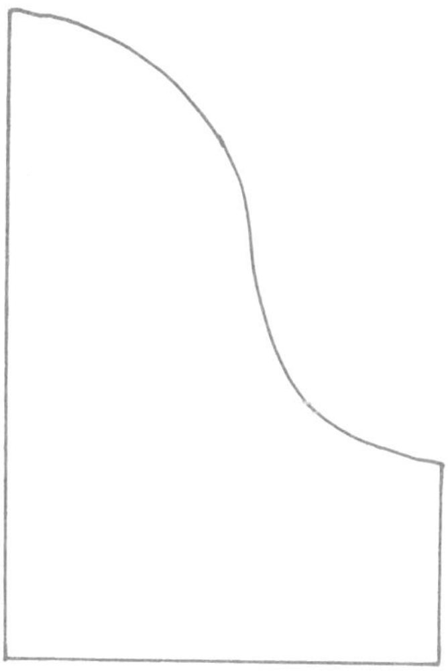

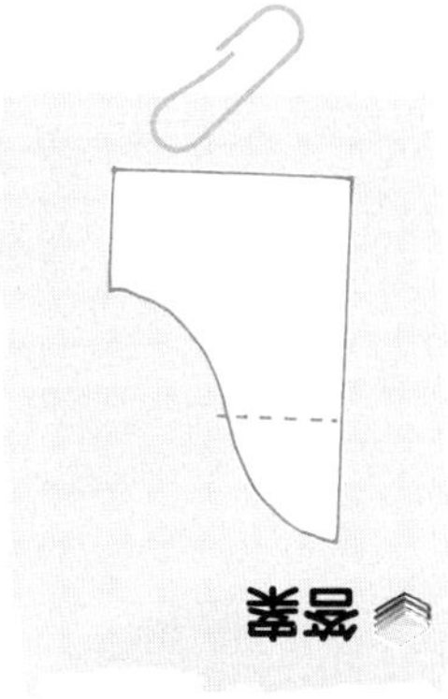

23.有趣的遗嘱

有一个老人，他的财产只有17只羊，为了让三个儿子和睦相处，老人去世后在遗嘱中要求将17只羊按比例分给三个儿子，大儿子分1/2，二儿子分1/3，三儿子分1/9，在分羊时不许宰杀羊。

看完父亲的遗嘱，三个儿子犯了愁，17是个质数，它既不能被2整除，也不能被3和9整除，又不许杀羊来分，这可怎么办？

聪明的邻居得知这个消息后，牵着一只羊跑来帮忙，邻居说："我借给你们一只羊，这样18只羊就好分了。"

老大分$18\times1/2=9$（只）

老二分$18\times1/3=6$（只）

老三分$18\times1/9=2$（只）

合在一起是$9+6+2=17$，正好17只羊，还剩下一只羊，邻居把它牵回去了。

你知道这是怎么分的吗？

科学揭秘

如果把老人留的羊作为整体“1”的话，则有1/2+1/3+1/9=17/18。

可见三个儿子无法把老人留下的“1”全部分完，还留下1/18，哪个人也分不到。聪明的邻居就是根据17/18这个分数，又领来一只羊，凑成18/18，分去17/18，还剩下1/18只羊，就是他自己的那只羊。

移一移

请你移动一根火柴，使等式成立。

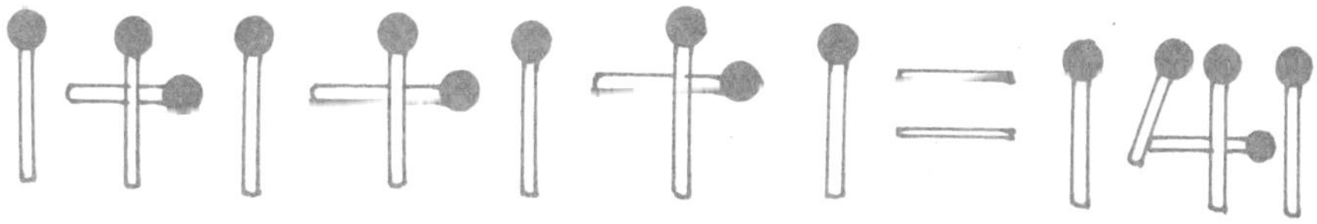

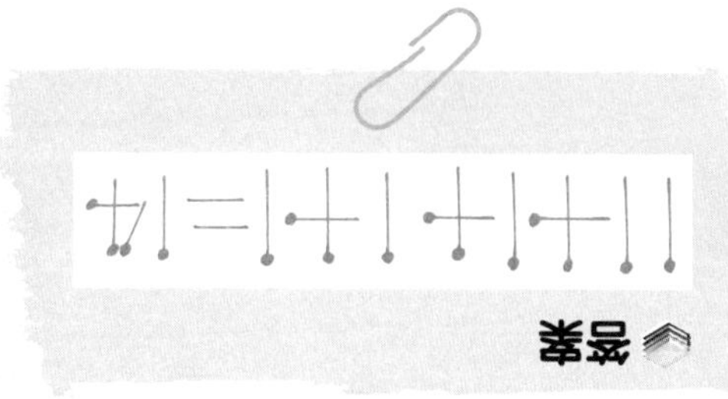

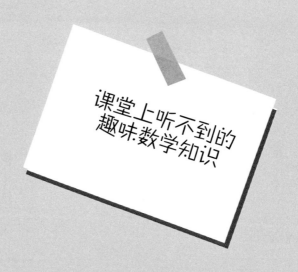

课堂上听不到的趣味数学知识

三

并不高贵神秘的几何

1.莫比乌斯圈

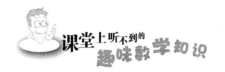

在数学王国中，莫比乌斯圈以其神秘著称。你可以按照下面的方法自己制作一下。

将一张纸条的一面涂成红色，另一面涂成蓝色。

把纸条的两面用笔在中间各画一条中心线，然后把两端粘上，成为一个纸圈。用笔沿着外面的中心线画一圈，笔还在圈的外面；用笔沿着里面的中心线画一圈，笔还留在圈的里面。

再如前所述，用同样的方法画好中心线，然后把纸条拧一下，再把两端粘上，用笔沿着外面的中心线画一圈，你会发现这条中心线特别长，而且是把红、蓝两面都画过一次，最后又到了原来的出发点。试试看，是不是感觉很神奇？

看来，这一先一后粘成的圈是不同的，前一个圈有里面外面之分，数学上叫双侧面；后一个圈没有里面外面的区别，叫单侧面。

一个双侧面的纸圈，顺着中心线把它剪开，得到两个断开的纸圈；一个单侧面的纸圈，顺着中心线把它剪开，得到的仍是一个纸圈，但这个纸圈变大了。如果用同样的方法在中间拧，就会发现它两次再沿中心线剪开就变成两个纸圈了，这两个纸圈还紧紧地套在一起。

这种单侧面的神奇纸圈就叫莫比乌斯圈，它是由德国数学家莫比乌斯首先发现的。

知识链接

玩莫比乌斯圈已经成了世界各国数学爱好者的游戏。在美国华盛顿一座博物馆门口，耸立着一座两米多高的莫比乌斯圈，它每天不停地旋转，向人们展示着数学的魔力。

玩一玩

把一张纸平铺在桌子上，把圆形玻璃杯扣在纸上，用笔沿玻璃杯边缘画一个圆。拿另一张A4纸放到这个圆上，让A4纸的一角触到圆的边缘。在纸边和圆交叉的地方，做标志A点和B点。在A点和B点之间画一条线段，那么它就是圆的直径。用同样的方法再画一条线段CD。两条线段的交叉点就是这个圆的圆心。

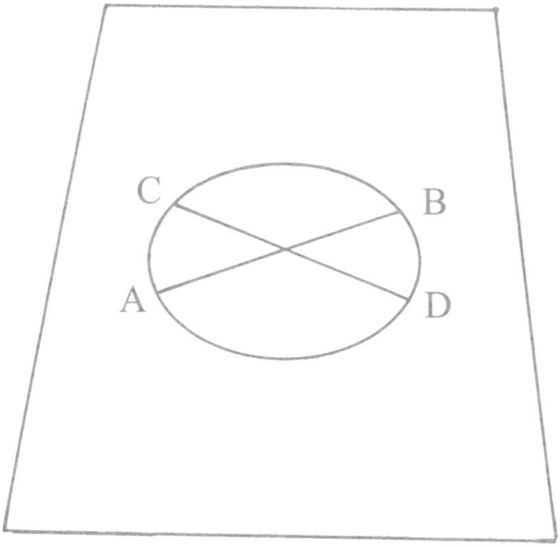

原理

用这个方法寻找圆的圆心，基于这样一个原理：半圆中的角，永远是直角。

2.规矩与方圆

时常听人说："没有规矩，不成方圆。"方圆很好理解，是几何图形，那么规矩是什么呢？

在我国古代，规和矩都是数学工具。"规"就是画圆的圆规，"矩"就是折成直角的曲尺。在几何制图中，圆规、直尺是最基本的两种工具。那么"规"和"矩"最早是谁发明的呢？

有人认为是鲁班发明了"规矩"。其实在比鲁班生活的春秋战国时期早上几百年的商朝，就已经有关于"规矩"的记载了。之所以传说"规矩"是鲁班发明的，是因为它们也是木工使用的重要工具，所以人们就把发明它们的功劳归到了木匠的祖师爷鲁班身上。可是这已经被考古学家推翻了。

还有一种说法，认为是大禹发明了规矩。大禹生活的时代，黄河经常发大水，当时的首领舜就命令大禹来治水。据说，为了规划出正确的治水方案，大禹翻山越岭，考察了山川的形势。而他随身携带的测量工具，就是准绳和规矩。规和矩这两样工具，在治水过程中，起到了重大的作用。

三千多年前的周朝，一位叫做商高的人，他是一位知识渊博的人，并且精通数学。他在和当时的政治家周公旦讨论数学的时候，对用“矩”的道理进行了一次总结。他说：“把矩平放在地上，可以定出绳子的垂直线；把矩竖立起来，可以测量高度；把矩倒立过来，可以测量深度；把矩平卧在地上，可以测量两地之间的距离。矩旋转一周，可画成圆；两个矩合拢来，就形成一个方形。”

规矩的发明，无论对数学的进步还是对人们的生活、生产，都起了非常重要的作用。

考考你　请问，这个图形中有几个三角形？

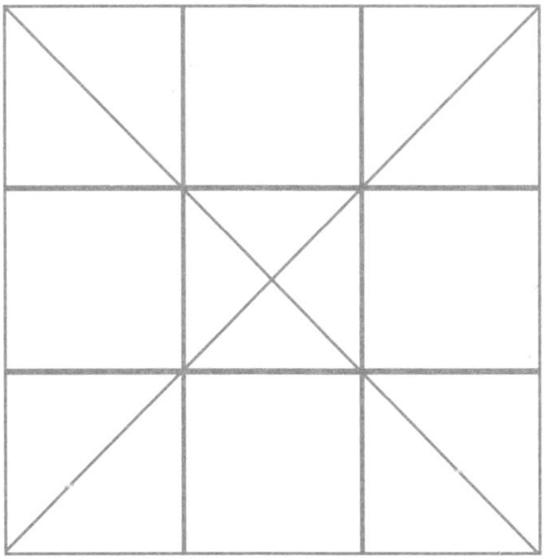

3.测量金字塔

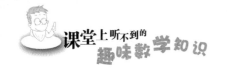

古埃及的金字塔流传至今，它的雄伟壮观折服了无数的游客。

关于金字塔的高度，有人建议爬到塔顶去测量一下，可是很难找到合适的尺子。

其实，距今2500年前泰勒斯就找到了测量金字塔高度的科学方法。他使用的工具是一根普通的拐杖。

泰勒斯是古希腊的数学家、哲学家和天文学家，在成为学者之前他曾经做过盐油生意，因为聪明过人而成了一名学者。

放弃经商的泰勒斯曾经游历过许多国家，来到埃及后，泰勒斯就对巨大的金字塔产生了强烈的好奇心。

“那么庞大的金字塔到底有多高呢？”

冥思苦想后，泰勒斯就用随身携带的一根拐杖计算出了金字塔的高度。

泰勒斯首先来到一块远离金字塔的空地上，把拐杖朝天空扔，然后落下垂直插在地上，此时拐杖就会在地面上形成长长的影子。泰勒斯就开始在脑中想象出一个直角三角形，三角形的高就是拐杖的长度，它的底就是拐杖的影子，并对实际的拐杖长度和影子长度进行了测量。

金字塔的高度可以看作是从金字塔的尖顶到地面的垂直距离。泰勒斯同样把这个金字塔的高度看作是一个巨大直角三角形的高，而把金字塔的影子看作是这个三角形的底边，并在测量拐杖影子的同时测量出了金字塔影子的长度。

两个相似的三角形虽然大小发生了变化，可是大小的比例并没有变化。所以，金字塔大三角形与拐杖小三角形的高度之经、长度之比都是完全一致的。

当拐杖的影子长度为2米，金字塔的影子为500米，拐杖的长度为1米时：

（金字塔的高度）：500=1：2

（金字塔的高度）＝（500×1）/2

即金字塔的高度为250米。

泰勒斯就是用这个科学的方法测量出了金字塔的高度。这在泰勒斯生活的年代是一个伟大的创举。

考考你 果果有一张40厘米长的彩色纸，他先把彩纸二等分，接着四等分。请问，现在每张彩纸长几厘米？

答案 每张彩纸还是长40厘米，他将彩纸裁剪成8张40厘米的纸条。他是竖着剪的八等分。

4.聪明的公主

狄多是罗马帝国附近一个国家的公主。她非常聪明，可在她十几岁的时候，国内发生叛乱，国王被杀死，狄多公主经过千辛万苦逃到了非洲。

狄多公主不仅失去了父亲，还失去了国家。她希望能为父亲报仇，但她首先得有一块栖身之地。于是，她去求见当地的酋长雅布王。

酋长非常同情狄多公主的遭遇，但又不愿给她太多的土地。进退两难时，手下给他出了一个主意，酋长听了，决定采用那种方法。

第二天，雅布王召见公主，他令人拿出一张犍牛皮，指着它说："亲爱的狄多公主，我决定赐给你一些土地。你看见这张犍牛皮没有？你能用它围住多大的土地，我就把多大的土地赐给你。"

狄多公主看了看那张犍牛皮，沉思了一下，然后走上前去，拿起犍牛皮，对雅布王鞠了一躬，说："谢谢您的好意，我现在就去围地。"说完便带领着卫士们离开了。

狄多走后，雅布王越想越得意，他认为自己这一招做得很漂亮，既表示了自己的善良和同情心，又不会让狄多公主多拿去很多土地。

不一会儿，一个仆人满头大汗地跑了进来，报告说公主已经把地围好了，而且围住的面积差不多有王国的一半大。

正在得意的雅布王大吃一惊，简直不敢相信自己的耳朵。他急忙赶过去查看究竟是怎么回事。

那么，你知道狄多公主是怎么用牛皮围地的吗？

科学揭秘

原来，狄多公主拿到犍牛皮后，没有直接把它铺在地上，而是把它剪成了很细很细的皮条，把这些皮条连接成了一条很长的皮绳，她用这条皮绳沿着海岸，围出一块很大的半圆形的土地。这下，自作聪明的雅布王傻眼了。可是他又不能违背自己的诺言，只能把土地赐给狄多公主。

公主为什么要围成半圆形的土地呢？原来，用一定长度的绳子，围出一块面积，其中围成的圆的面积是最大的，而如果围成一个完全的圆形，那它的面积却是有限的。狄多公主利用了海岸线，把海岸线当成了这个圆的直径，这样围得的土地是最多的。

考眼力

请你仔细数一数，在这个图形中有多少个正方形？多少个三角形？

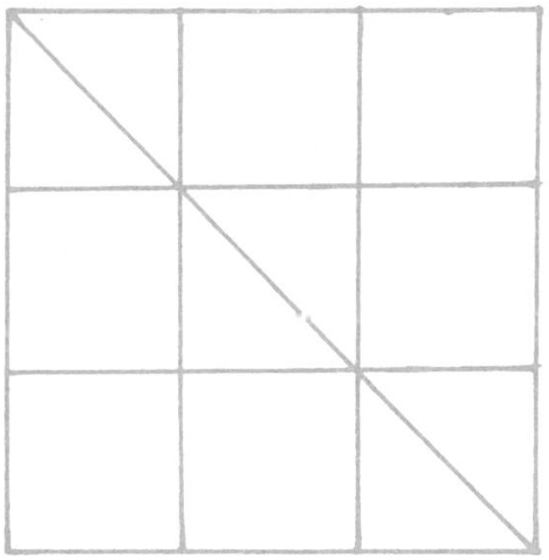

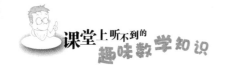

5.阿凡提智斗地主

有一个地主非常吝啬狡诈，经常欺诈百姓，并以此为乐。

有一年，他家窗户坏了，请阿凡提来给他修窗户。修了三天，眼看窗户快要修好了，可是那个地主对工钱却只字不提。阿凡提忍无可忍，就问管家："这修窗户的工钱怎么不给呢？"管家一听，冷笑了一声说："我们家老爷吩咐了，还有一件小事儿要做，做完了才能付工钱。"说完，他叫人拿出一块木板（如图），指着木板说，"要是你能把这块木板锯成两块，合起来正好拼成一个正方形，老爷说了，不但给工钱，而且还有奖赏呢！要是你没有本事完成这件差事，那么，你的工钱分文不给。"

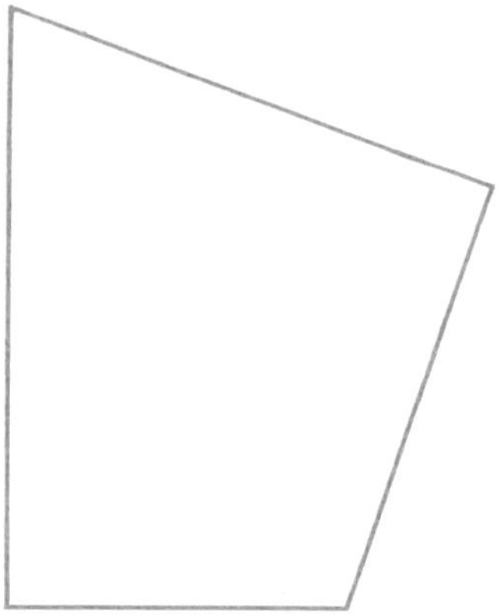

阿凡提听了，知道是老地主又想赖工钱，心里很气愤。他对着那块木板仔细打量了一下，心里有了主意，就故意说："你们故意编出这样的花样，不是存心想赖我的工钱吗？"

"胡说！谁想赖你的工钱呢？"那个老地主突然不知从哪里钻了出来。"没有本事怎么出来赚钱？如果有本事你就锯一锯，然后把它拼成一个正方形，那么，工钱一文不少给。"

阿凡提见老地主上了钩，便说：“好吧！一言为定！”

“一言为定！”老地主咧开了嘴，他以为阿凡提上当了，得意洋洋地重复了一句。这时，阿凡提把木板量了一下，举起了锯子，就在木板上锯了起来。

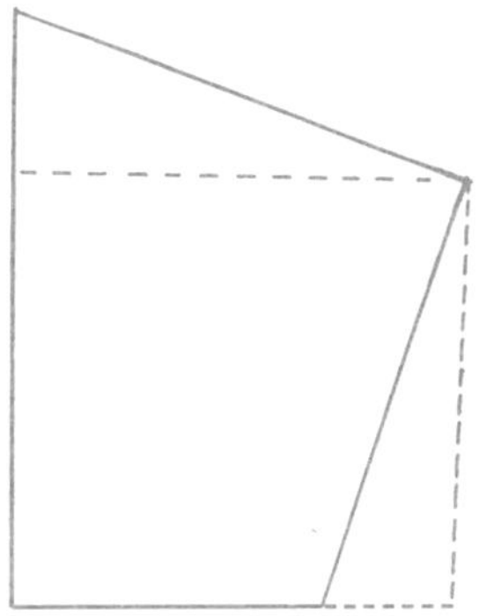

不一会儿，阿凡提就把木板锯成了两块，拼起来正好是个正方形（如右图）。

那个老地主和他的管家都惊得目瞪口呆，老地主不得不叫管家把工钱算给了阿凡提。

笑吧

数学老师：“桌上有三杯酒，我请你父亲喝一杯，还有几杯？”

小学生：“一杯也没有。”

数学老师：“怎么？你没有听懂我的话吗？我再说一遍，桌上有三杯酒，我请你父亲喝一杯，还有几杯？”

小学生：“真的一杯也没有了。”

数学老师：“你懂数学吗？”

小学生：“老师，你不懂我父亲的脾气，他看见桌上有酒，一杯也不肯放过的。”

6.小姑娘智胜国王

从前，有个小女孩被称为是“最聪明的小姑娘”。小姑娘心地善良、聪明，而且懂得非常多的数学知识。小心眼的国王想考考这个小姑娘，就下令让小姑娘来见他。

国王见小姑娘满脸稚气，暗想：就这么一个黄毛丫头，怎么可能那么聪明呢？我随便出个题，准能难倒她。于是，国王说：“听说你很聪明，不知是真是假。现在我给你一个任务，如果完成得好，我就封你为‘全国最聪明的人’，如果你完成不了，那么对不起，你要去坐大牢。”然后，他说出了早已想好的题目：王宫前面有一个长50米、宽20米的长方形广场。广场中央立着一个大牌坊。广场需要改修一番，面积不变，牌坊也不许挪动。但改修以后，牌坊必须立在广场的前缘。

国王的问题说完以后，大臣们都不知道应该怎样回答，因此，他们在心里都为这个小姑娘捏了把汗。心想：这小姑娘肯定要坐大牢了！可小姑娘一点也不惊慌，从容不迫地说：“这好办，只要派给我100个工人就行了，一周之内，保证完成。”

小姑娘迈着大步离开了。国王暗暗高兴：别看你现在大包大揽的，到时候就有好戏看了。想到这里，狡猾的国王笑了。

国王艰难地熬了一周，他很想看到小姑娘失败的样子。这天清晨，国王刚刚起床，侍从便急匆匆地跑过来报告，说小姑娘已经把广场修好了。国王一听，半信半疑，走出宫门一看：他已经认不出来了，原来的广场完全变了模样。更神奇的是，那座大牌坊虽然未经挪动，却格外引人注目地耸立在广场的前缘。

小姑娘是怎样完成这次浩大工程的呢？

科学揭秘

原来，小姑娘头脑中的数学知识发挥了作用。她想起了几何中的一个原理：在矩形中，面积一定的话，长和宽正好成反比例关系。也就是说，当宽扩大了一定的倍数时，要保持面积不变，只需要把长按同样的比例缩小就可以了。根据这一原理，她将广场的长改为40米，宽改为25米。这样，面积仍然是1000平方米，但牌坊的位置却自然而然地从广场中央变到前缘去了。

考考你

下面是一条小狗，请你根据它脚上的这组数据，推理出问号处该是什么数字。好好转动你的小脑瓜吧！

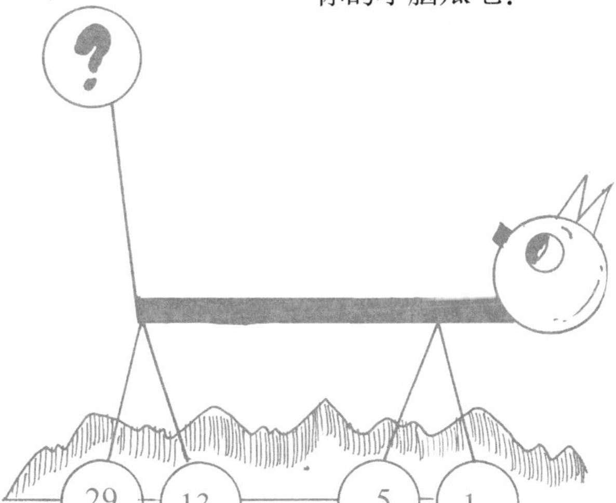

答案

狗尾问号处应填入61，因为相邻两数之差的两倍加上两数中的第二个数，得第三个字。

7.神算少年杨辉

在南宋度宗年间，古城钱塘（今杭州）有一位少年，聪明好学，尤其喜爱数学。但由于当时数学书籍很少，这个少年只能零碎地收集一些民间流传着的算题，并反复研究，从中增长知识。

一天，这个少年无意中听说一百多里的郊外有位老秀才，不仅精通算学，还珍藏了许多《九章算术》、《孙子算经》等古代数学名著。他非常高兴，急忙赶去。

老秀才问明来意后，看了看这位少年，不屑地说："小子不去读圣书，要学什么算术！"

但少年仍苦苦哀求，不肯走。老秀才无奈，于是说："好吧，听着：'直田积八百六十四步，只云阔不及长十二步，问长阔共几何？'（用现在的话来说就是：长方形面积等于864平方步，已知它的宽比长少12步，问长与宽的和是多少步？）你回去慢慢算吧，什么时候算出来，什么时候再来。"说完便往椅子上一靠，闭目养起神来，心里却暗暗发笑："小子一定犯难了，这道题老朽才刚刚理出点头绪（此题的解法一般要用到二次方程），即使他懂点算术，那一年半载也是算不出来的。"

谁料，正当老秀才闭目思量时，少年说话了："老先生，学生算出来了，长宽共60步。"

"什么？"老秀才一听，惊奇地从椅子上跳了起来。

他一把夺过少年演算出来的草稿纸，瞪大了眼睛看了起来。

“啊，你这小子是从哪里学来的？居然用这么简单的方法就算出来了，妙哉！老朽不如也。”这时老秀才转过脸来，对少年夸奖道，“神算，神算，怠慢了，请问高姓大名？”

“学生杨辉，字谦光。”少年恭敬地回答。

后来，在老秀才的指导下，杨辉通读了许多古典数学文献，数学知识得到了全面、系统的发展。经过不懈的努力，杨辉终于成为我国古代杰出的数学家，并享有数学“宋元第三杰”之誉。

考考你

观察下图，从1开始，到“?”处结束，请你根据数字变化的规律，推断出问号处该填入什么数字。

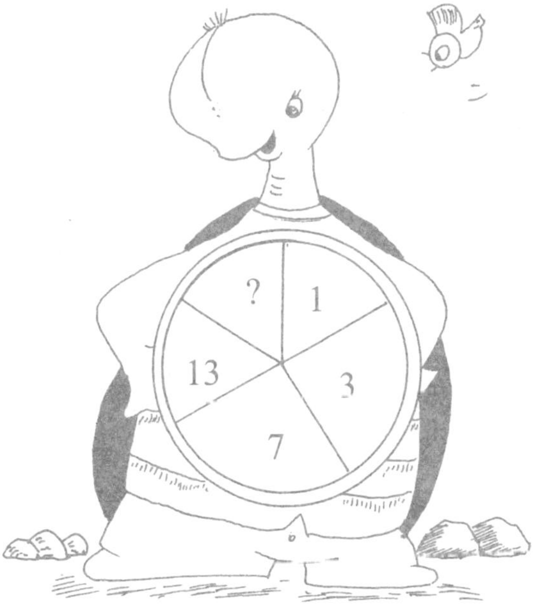

答案

应填入21。因为数字1开始按顺时针方向依次增加2、4、6、8。

8.欧拉智改羊圈

欧拉是一位数学天才，从小他就非常喜欢思考，他问的问题老师都经常答不上来。最后，他惹恼了一位老师，被赶出了校园。

欧拉回家后开始帮爸爸放羊，做了牧童的他一边帮爸爸放羊，一边自学。

爸爸的羊渐渐增多了，原来的羊圈有点小了，爸爸决定建造一个新的羊圈。他用尺量出了一块长40米、宽为15米的长方形土地，正打算动工的时候，发现篱笆不够用，因为篱笆只有100米。这让父亲很发愁。

小欧拉却向父亲说，不用缩小羊圈，也不用担心每头羊的领地会小于原来的计划。他有办法。父亲不相信，但还是同意让儿子试试看。

小欧拉以一个木桩为中心，将原来的长方形羊圈变成了一个四边都为25米的正方形。然后，小欧拉很自信地对爸爸说："现在，羊圈就能容下所有的羊了。"欧拉的父亲很诧异，他把羊赶进羊圈试了试，发现果然如欧拉所言，篱笆长短没变，可里边的空间却变大了很多。年轻的欧拉就表现出了过人的天赋，难怪他能在以后的数学研究中取得巨大的成绩。

考考你

房中有几台电视机和若干人，每人一台电视机的话则少一台电视机，两人一台电视机的话，则多了一台电视机。请问，房中到底有多少台电视机？又有多少人？

答案

3台电视机，4个人。

拼一拼

请你把下面这个图形分成8块相等的图形，能办到吗？

答案

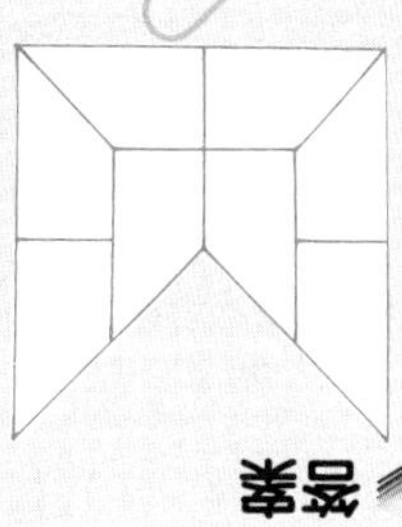

9.国王的忧虑

一天，国王召集所有的大臣，忧心忡忡地说："我连续两夜梦见了去世的祖父，他说，真主要降灾难给我们的国家了。我十分害怕，问他老人家有什么办法能让真主宽恕我们。他说：'用金子做成一种长方形，长和宽都是3尺的整数倍，而它的周长数恰等于它的面积，用所有大小不同的这样的长方形来供拜真主，才能免除灾祸。'"

史吏大臣上前说："请陛下放心，我们一定在三天之内把这种金子做的长方形供给真主。"

史吏大臣匆匆忙忙做出了一个长方形。他做的是一个长为9尺，宽3尺的长方形，长和宽都是3的整数倍，他把这个黄金长方形献给国王，谁知国王一算，这个长方形的周长数是24，而面积却是27，两个数不相等，和要求并不符合。国王以为史吏没认真去办，一怒之下重罚了那个大臣。

邮政大臣出面做了一个长和宽都等于4的正方形，这样，它的周长和面积都是16，符合第二个要求。然而，自认为挺聪明的邮政大臣只注意了第二个条件，没有注意第一个条件，4怎么会是3的整数倍呢？国王一怒之下，查抄了邮政大臣的全家。

国王看着这一切，大声叹息道："难道我们的国家和人民没法拯救了吗？难道真主真的要降临灾祸给我们吗？"这时，只见老丞相双手捧着一个盘子，里面放着一个金箔做成的长方形，走到国王面前，说道："陛下，这就是真主所要的祭品。"

国王仔细观看这个长方形，它长6尺，宽3尺，都是3的整数倍，而周长数和面积数都是18，也正好相等。国王点点头，又问道："真主要所有不同大小的这样的长方形，你怎么只献一个呢？"老丞相不慌不忙地回答："陛下，我反复地算过了，真主所要的礼品就只是这么一个。"　国王看到老丞相献上了符合要求的祭品，十分高兴。他举行了隆重的祭礼，同时又接受大臣的新建议，采取一系列有效的政治措施，把国家推向了繁荣兴旺的路。

考考你　观察下图，从$\frac{3}{5}$开始，到"?"处结束，请你根据这些数字变化的规律，推断出问号处该填入什么数字。

答案　应填入$\frac{31}{185}$。分子是2、3、4、5、6的平方分别减去1、2、3、4、5而得到的。分母是2、3、4、5、6的立方减去上一行数字而得。

10.勾股定理的经历

中国在很早的时候就开始应用勾股定理了。

四千多年前，黄河流域的洪水经常泛滥成灾。大约在公元前21世纪，大禹率领众人治水，开山修渠，挖河筑路，他“左准绳，右规矩”。这里的“规”就是圆规，“矩”就是曲尺，用的就是勾股定理来进行测量计算的。

公元前1100年左右的西周时期的一天，周公向数学家商高请教数学知识：“我听说您对数学非常精通，我想请教一下，天没有哪一个梯子可以上去，地也没办法用尺子去一段段丈量，那么怎样才能得到关于天地间的一些数据呢？”

“数的产生来源于对方和圆这些形体的认识，其中有一条原理，当直角三角形‘矩’得到的一条直角边‘勾’等于3，另一条直角边‘股’等于4的时候，那么它的斜边‘弦’就必定是5。这个原理是大禹在治水的时候就总结出来的啊！”被号称为“世界上第一位数学家”的商高自信地告诉周公。

中国古代的数学家们很早就开始尝试

对勾股定理作理论的证明。最早对勾股定理进行证明的，是三国时期吴国的数学家赵爽。他创制了一幅“勾股圆方图”，用形数结合的方法，给出了勾股定理的详细证明。赵爽的证明方法非常巧妙，采用对几何图形的截、割、拼、补等方法，利用它们之间的恒等关系，把勾股定理证明得形象直观又科学严密，令人十分信服。这种方法被后人称为“形数统一法”。

希腊数学家欧几里得在他编著《几何原本》时，认为勾股定理是公元前550年的毕达哥拉斯最早发现的，并称它为“毕达哥拉斯定理”，因此在世界上广为流传。其实，毕达哥拉斯的发现比中国人晚得多。

请你在这9个小方格内把12～17的奇数放进去，然后确保竖列、横列、斜列上的任何3个数的和都相等。

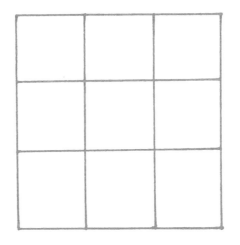

答案

7	17	3
5	9	13
15	1	11

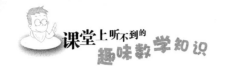

11.优秀的正方形

为了搞清楚哪个图形用处最多、功劳最大，几何图形王国召开了一次讨论大会。

参加讨论大会的有直角三角形、等腰三角形、平行四边形、菱形、长方形和正方形。讨论会上，大家轮流上台介绍自己的优点和用处，气氛十分紧张而热烈。

每位成员的演讲都很精彩，这让大家很难取舍，不知道谁是最有用的图形。

轮到正方形了，它走上台，说："我是不是用处最多、功劳最大的图形，请大家来评判。我结合了很多图形的优点。我属于平行四边形，对边平行且长度相等；我还属于长方形，四个内角都是90度；我还属于菱形，四条边的长度都相等。我吸收了它们的所有优点。我还是轴对称图形，也是中心对称图形。"

正方形喘了一口气说：“一般的平行四边形不是轴对称图形，长方形和菱形有2条对称轴。我有4条对称轴，比其他图形都多。我沿着两个相对的顶点的边线折叠，仍然会重合。”

听完正方形的演讲，大家一致认为它才是最合适的人选。它的优点最多，用处最大，由于它对称性非常好，因此看起来也非常好看。其实，正方形还有许多的优点，在以后的学习中你会学到的。

考眼力

请你数一数下面这个图形中有多少个正方形，多少个三角形？别看这个图形不复杂，你得认真数，可别数错了哦！

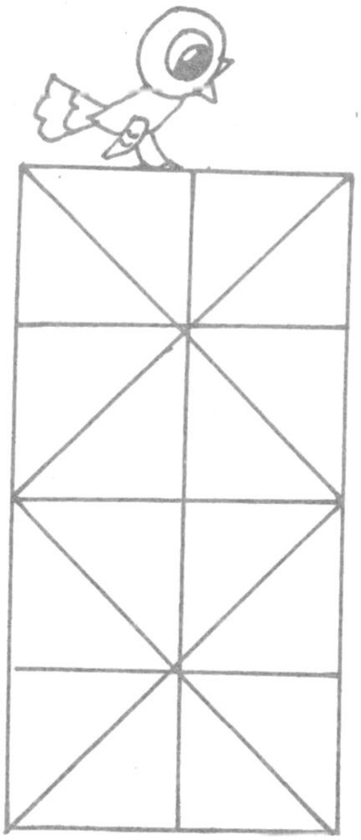

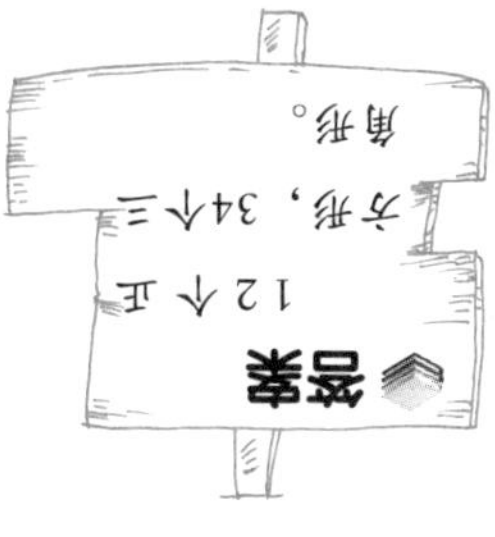

12.太阳神留下的悬疑

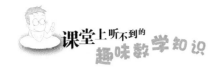

有这样一个传说，从前，古希腊的第罗斯岛上，爆发过一次大瘟疫。当时，无辜的人们一批批地死去，原来繁荣的土地也逐渐荒芜，各种污物和死尸覆盖着大地。

岛上人们非常信奉太阳神阿波罗，希望得到他的保护。

这时，年轻的女祭司华菲亚告诉人们，她从太阳神那里得到了旨意：太阳神嫌神殿里面的立方体祭坛太小，要求人们把祭坛的体积扩大2倍，而且形状要和原来的一模一样，这样才能结束瘟疫。

怎样才能把立方体的体积扩大2倍而又不改变形状呢？有人提出把立方体的每一条边都扩大1倍，人们觉得有道理，就这样建造了一座新的祭坛。

没几天，华菲亚又一次传来太阳的话：新的立方体体积不是原来的2倍，而是8倍。太阳神发怒了，认为人们在捉弄他，要给第罗斯岛更大的惩罚。

人们没有办法，只好去请教雅典的学者希波克拉底。希波克拉底建议他们先求出新的立方体的边长，这个边长应该是原来立方体边长的某个倍数，但绝不是2倍。

后来人们求出了这个倍数，又造了一个新的立方体，这次的体积确实是原来的体积的2倍。

这次，人们满怀希望地等待太阳神的答复。

但是，太阳神却说："虽然新的立方体的体积满足了要求，但却是利用了不允许使用的工具。"太阳神命令说"做这样的立方体，只能用圆规和直尺，不允许用其他的任何工具，更不能先求出新的立方体的边长。只有圆规和直尺是神授予的，其他任何工具都不能被神所允许使用。"

这个问题太难了，当时所有的人包括希腊最有智慧的人都没能解决这个问题。因此，第罗斯岛又陷入了灾难之中。

这个问题就是著名的立方体体积的问题，它是几何的三大难题之一。

考考你

请你将1、2、3、4、5、6、7、8八个数字分别填入八个圆圈里，使 $A+B+C+D=E+F+G+H=A+E+G+C=D+H+F+B$。

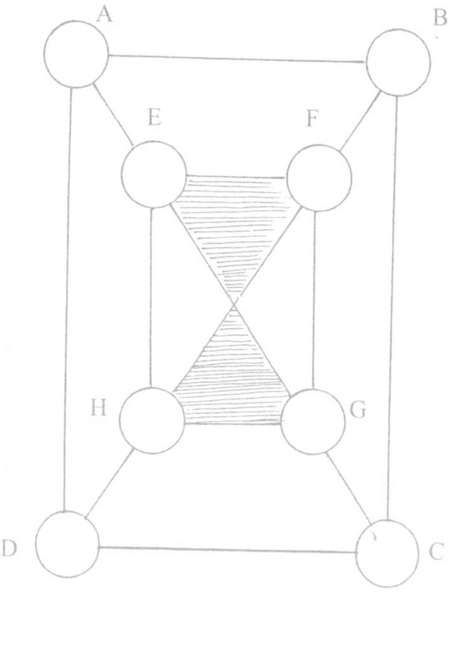

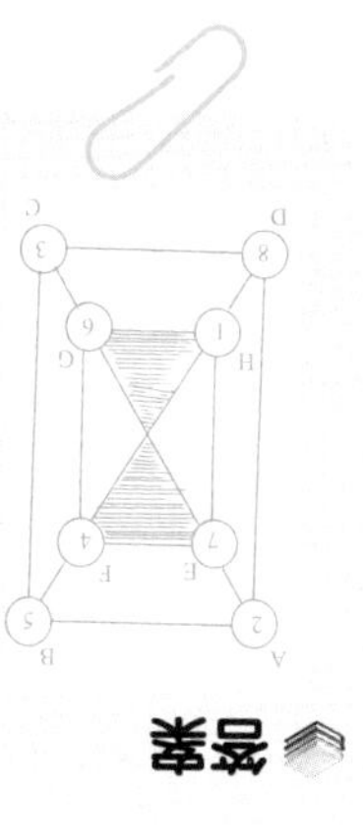

答案

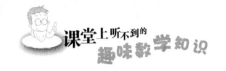

13.哈米尔顿周游世界

哈米尔顿很喜欢思考问题。一天，他拿到了一个正十二面体的模型。这个模型有12个面，20个顶点，30条棱，每个面都是相同的正五边形。

哈米尔顿非常喜欢他的模型，他常常爱不释手，反复玩耍。有一次，他忽然灵光一闪，何不用它来做一个数学游戏呢？说做就做，他开始琢磨起来。假定这20个顶点是地球上的20个大城市，把30条棱当作连接这些大城市的道路，一个人从某个大城市出发，每个大城市都走过，而且只走一次，最后返回原来出发的城市。这种走法能实现吗？

这个问题怎么解决呢？拿着十二面体一个点一个点地去试吗？这似乎不是解决问题的最好方法。但如果把十二面体看作是一个橡皮膜的话，那么我们就可以把这个正十二面体压成一个平面图形。如果哈米尔顿所设想的走法能

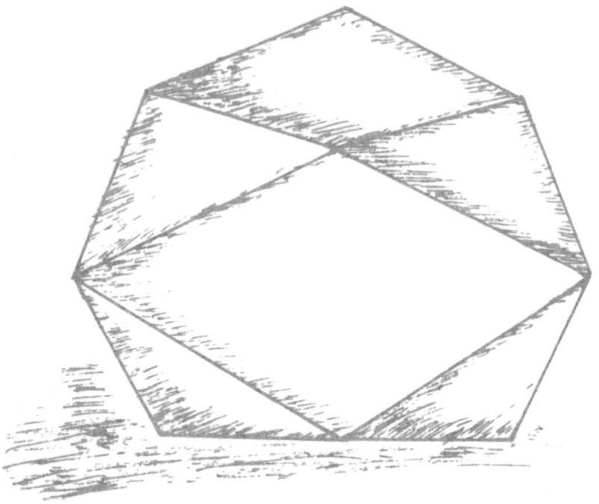

够实现的话，那么这20个顶点一定是一个封闭的20角形的周界。

把这个正十二面体压扁了，我们可以在上面看到11个五边形，底下还有一个拉大了的五边形，总共还是12个正五边形，而这12个压扁的正五边形中，挑选出6个相互连接的五边形。

然后再把这6个相互连接的五边形摊平，就成为一个20个顶点的封闭的20角形。

那这20个顶点，确实是正十二面体的20个顶点。这样一来，沿边界一次都可以走过来了，哈米尔顿的数学游戏在现实生活中是可以实现的，按照他的方法，我们可以周游世界。

移一移　请你移动一根火柴，使等式成立。

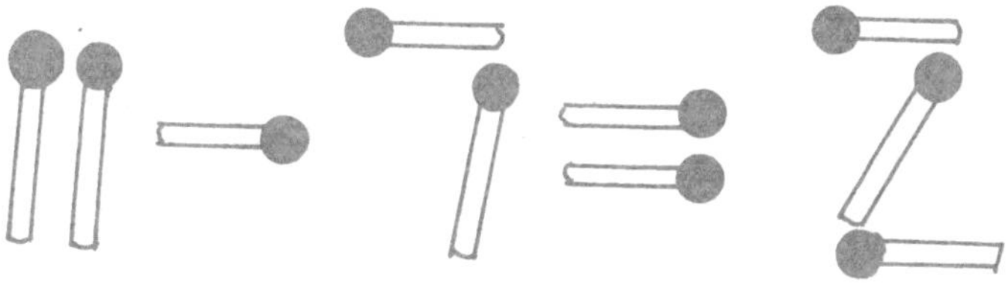

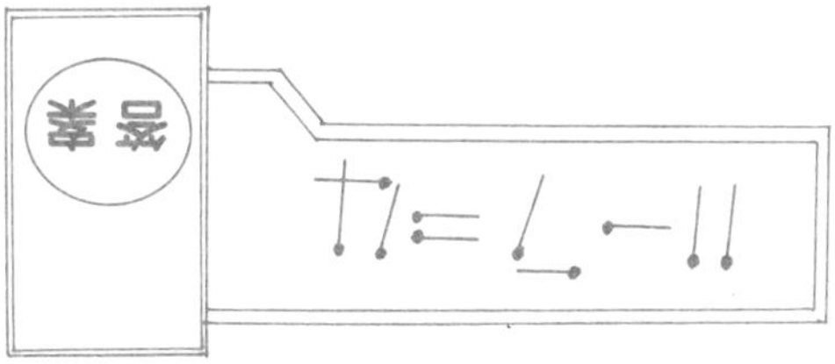

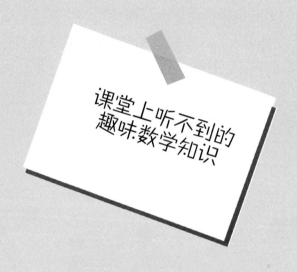

课堂上听不到的趣味数学知识

四

高深可测的概率、统计

1.拿破仑巧歼敌军

拿破仑精通数学，常把数学知识应用到战争中去，从而能够扭转战局，取得胜利。

有一次，拿破仑遭遇敌军。一大早，他来到阵地的最前沿观察敌情，敌人的营地尽收眼底。如果能用大炮教训教训这些家伙该多好啊，拿破仑心想。但是他不知道距离敌人有多远。如何才能测量出和敌军的距离？

突然，他有了一个很好的主意，想到这里，他正了正军帽，然后站直了，正对着敌人的阵地一步一步向后退去，直到军帽的帽檐恰好挡住他观察敌人阵地时的视线。

随后，拿破仑叫来部下，让他们把刚才走的距离量出来。部下很快就把距离量了出来，并报给了拿破仑。

拿破仑马上用数学公式计算出了这里到敌人阵地的大致距离，把结果告诉给炮兵部队。过了几分钟，只听见几声巨响，敌人的营地在大炮的轰击下飞上了天。

原来，他利用了视线角度的变化来估算敌军阵地的距离。如果没有数学知识，拿破仑就很难计算出与敌军阵地的

准确距离，也就很难取得这次战争的胜利。

拿破仑不仅善于运用数学知识解决战争难题，而且他还十分珍惜数学人才，在他眼里，一个将军远没有一个数学家重要。

后来战事不利，欧洲反法联军快要攻到巴黎的时候，一些数学学院的学生找到拿破仑，要求上战场打击侵略者，拿破仑坚决地拒绝了他们的要求："你们不能上战场，我不能为了一场战争的胜利而杀死生金蛋的母鸡。"

考考你

观察下图圆盘中数字，从4开始，到"?"处结止，请你根据数字的规律变化，推出问号处应填入什么数字。

答案

应填入24。从4开始，数字分别增加2、3、4、5、6。

2.珠宝劫盗

一部黑色轿车以极快的速度经过交通警察的岗位前，时速为120千米。

“违反交规！”值勤的警官立即用无线电与巡警车取得联络，同时跨上摩托车赶了过去。

可是，不一会儿，刚才的黑色轿车却从相反的方向疾驶而来，与警官的车擦肩而过。警官发现时，已经太迟，无法追捕。

值勤警官回到警局，发现那部黑色轿车却赫然停在大门前面，这使他吃了一惊。

这到底是怎么一回事呢？

值勤警官进去一问，原来这辆车是洗劫珠宝的盗车，这辆车从他手中脱逃之后，在下一个岗被扣住了。据目击者证言，劫匪离开现场时，的确是把赃物装上车子的，但逮捕之后，车中已空空如也。于是，劫匪离开珠宝店至被捕之间，一定会在哪里停车，把赃物卸下去了。

可是，根据交通警察的报告书来研究，可能停车卸赃的时间，唯有通过追踪的警官岗位再掉头的这一段时间之内。那个追踪的警官补充说：“黑色轿车从相反的方向掉头，与我擦肩而过时，那地点约距岗位3千米处，离我上车追踪刚好过了7分钟，汽车的时速，一直保持着120千米。”

刑警队长推断：当时劫匪的同伙等在半路上，处置赃物的时候，车子停下来掉头疾驰。而且他估计盗车停车掉头再疾驰，这其间的时间损失为2分钟，接着盗车便保持一定的时速继续疾驰，这是绝不会错的。

那么，根据上面的推理，应该将距离岗位多远的地方作为搜查范围呢？

科学揭秘

交通警察与盗车第二次碰到，这其间经过的时间为7分钟。这中间，为停车与掉头费时2分钟，从岗位到3千米的地点，需1.5分钟，所以车行至卸赃物的场所，从那里再回到原来的地方，需时3.5分钟。这个时间中，车行7千米，即单程为3.5千米。因此，盗车不会超过岗位6.5千米以上，故在此范围内搜索便成。

移一移

胖胖真笨，居然认为这道题做对了，如果拿到老师那儿去肯定得0分。不过，如果你移动其中2根火柴就会得100分。不信，你动动手吧。

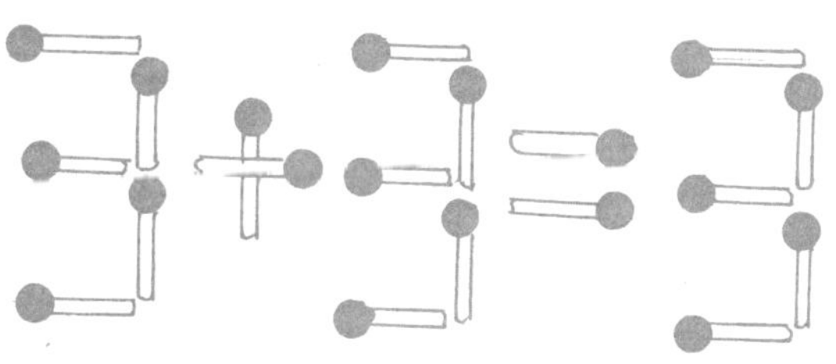

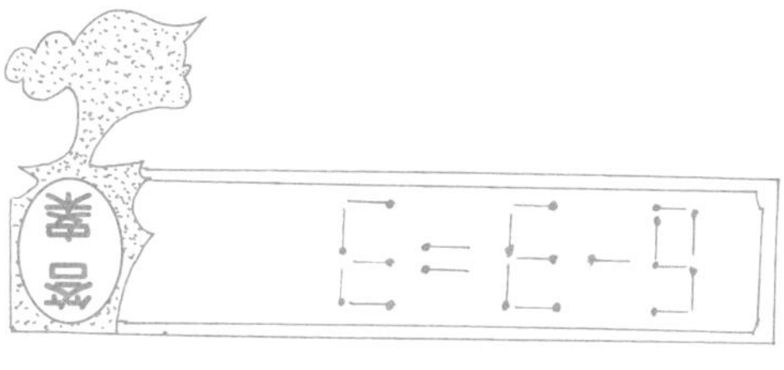

3.小猫卖鱼

小猫喜欢钓鱼。这一天，小猫钓了一筐鱼。鱼太多，小猫吃不完，他决定把剩下的鱼拿到市场去卖。

狡猾的狐狸走过来问："今天的鱼好新鲜啊，不买有点可惜。这么新鲜的鱼，多少钱1千克？"小猫乐呵呵地说："很便宜，8块钱1千克。"狐狸摇摇头："价格合理，可是我只想买点鱼身。"这可把小猫难住了。

"鱼都是整条卖的，没有分开卖过。如果你把鱼身买走了，鱼头卖给谁呀？"

"我来买，我正想买点鱼头磨磨牙。"一旁的小狼崽大声说。

小猫仍有点迟疑："好是好，可价钱怎么定？"

狐狸与小狼崽一齐答道："鱼身6元1千克，鱼头2元1千克，不正好是8元1千克吗？"

小猫一听，一拍大腿道："好，就这么办！"

三人一齐动手，不一会儿就

把鱼头、鱼身分好了：所有的鱼身共20千克，正好120元；所有的鱼头共5千克，正好10元。狐狸和小狼崽提着鱼，飞快地跑到林子里，把鱼头、鱼身配好，重新平分了。

小猫在回家的路上，边走边想：“我25千克鱼按8元1千克应卖200元，可我现在怎么只卖了130元……”

你知道，小猫错在哪里了吗？

科学揭秘

其实，鱼头和鱼身都是鱼的一部分，全都应该按8元1千克卖才对。

考考你

下面这本书的封面上有许多数字，请你找出这些数字的变化规律，然后推算出问号处该填入什么数。

答案

应填3。横行中前两个数之差除以2，便得到第三个数。

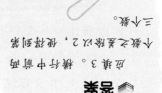

4.康熙奇遇

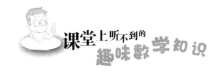

这是公元1695年春的一天。烟花三月的扬州城，风和日丽，城南门边的集市，热闹非凡。有两位知府里的公差和几个卖马、牛的伙计发生了争执。伙计们苦苦地央求两位公差：“这位大爷，按我们讲好的价钱，您买4匹马、6头牛，共48两银子。可你们只给42两，还少6两，我们可亏不起这么多呀？”

甲公差眼一瞪，呵斥道：“少废话，大爷是干什么的，你们难道不知道？再敢啰唆，就把你们的马、牛全部充公。”

说完，两位公差赶着牛马就要走。这时，围观的人群中走出一位中年书生，只见他不卑不亢地对两位公差说：“买卖公平，这是天经地义的事，一匹马、一头牛都有个价，要想买马牵牛，该多少银就付多少，怎么能仗势欺人！”

甲公差一听大怒：“书呆子，找死呀！你知道一匹马、一头牛是什么价？”

乙公差也气势汹汹地喝道：“你初来乍到，我们讲好什么价，你怎么知道？少管闲事！”

书生微微冷笑，略为思索了一会儿，便说：“我事先是不知道，但可以算出来：马匹价6两，牛每头价4两。”

两位公差一听，愣住了，围观的人群也无不惊奇。两位公差下不了台，上前就要抓中年书生。那中年书生毫无惧色，从袖袋里掏出一个东西一亮，两公差顿时吓得魂飞魄散，连忙跪下求饶。

这位中年书生不是别人，他就是微服南巡的清康熙皇帝。他刚才掏出一晃的是皇帝的大印。

康熙在位61年，那时人们普遍重视数学，数学与生产的结合程度超过历史上任何一个朝代。康熙本人刻苦学习数学，亲自动手演算习题，亲自校阅译成汉文和满文的西方数学著作。对康熙来说，眼前这个问题是不费什么事的。一般的算法是这样的：

4匹马、6头牛，价48两；

3匹马、5头牛，价38两。

也就是说：

12匹马、18头牛，价144两；

12匹马、20头牛，价152两。

很显然，多买了2头牛，就要多付银152−144=8（两），那么每头牛价4两，进一步可推算出每匹马价6两。

对此题，康熙颇为欣赏，曾下旨将它选入巨著《御制数理精蕴》中去，一直流传下来。

笑吧

数学老师在课上问罗罗：“一半和十六分之八有何区别？”罗罗没有回答。老师说：“想一想，如果要你选择半个橙子和八块十六分之一的橙子，你要哪一样？”罗罗：“我一定要半个橙子。”“为什么呢？”“橙子在分成十六分之一时已流去很多橙汁了，老师你说是不是？”

5.母鸡被骗

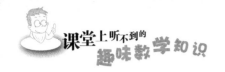

老母鸡想孵一窝小鸡，可是它下的蛋不知被谁偷走了。它哭哭啼啼，十分伤心。这被狡猾的狐狸看到了，它赶忙从养鸡场买了几筐鸡蛋，故意摆在老母鸡家门口叫卖。

“新鲜鸡蛋！又新鲜又好的鸡蛋啦！”正躲在家里伤心的老母鸡听到狐狸的叫卖声，忍不住走出来看看。

看到老母鸡哭得稀里哗啦，狡猾的狐狸充满同情地说：“你不要哭嘛！你不是丢了鸡蛋吗，我这儿有的是鸡蛋，你买几个回去孵，保证你子孙满堂。”

听狐狸这么一说，母鸡立即破涕为笑，当即买了10个鸡蛋，欢天喜地地回窝孵蛋。

母鸡刚走，狐狸“扑哧”一声笑了，说：“我这些鸡蛋都是从母鸡场买来的，这个母鸡场一只公鸡都没有，这些鸡蛋根本就孵不出小鸡来！”

母鸡回去孵蛋，一连孵了许多天，鸡蛋一点动静也没有。又过了几天，鸡蛋开始发出臭味了，母鸡这才知道上了狐狸的当。于是公鸡和母鸡一起去找狐狸算账！

狐狸死不承认，可是公鸡和母鸡就是不走。狐狸眉头一皱，计上心来。狐狸说：“这样吧！我愿意把这1000个鸡蛋都给你，作为赔偿。只是有个条件……”

“什么条件？”公鸡问。

“这1000个鸡蛋，你们要分5次拿走。每次拿走的鸡蛋数是一个由‘8’组成的数。‘8’多吉利，8就是发嘛！”

公鸡和母亲你看看我，我看看你，谁也不会算。突然，“叭”一声响，从树上掉下了一个小纸团，聪明的小松鼠把答案扔给了公鸡和母鸡，在树上一闪就不见了。

公鸡捡起小纸团一看，立即高叫一声，对狐狸说：“你先给我8个鸡蛋。”狐狸照办。“你再给我88个鸡蛋。”狐狸也照办。“你再给我888个鸡蛋。几次啦？”

“3次啦！”狐狸说。

母鸡过来说：“剩下两次，该我啦！你给我8个鸡蛋，再给我8个鸡蛋。”

狐狸一听，立马晕了。原来，小松鼠算出了8+88+888+8+8=1000。这次狡猾的狐狸赔光了。

考考你

如下图，从2开始，到“?”处结束的一组数中，请你根据数字变化的规律，推出问号处应填入什么数字。

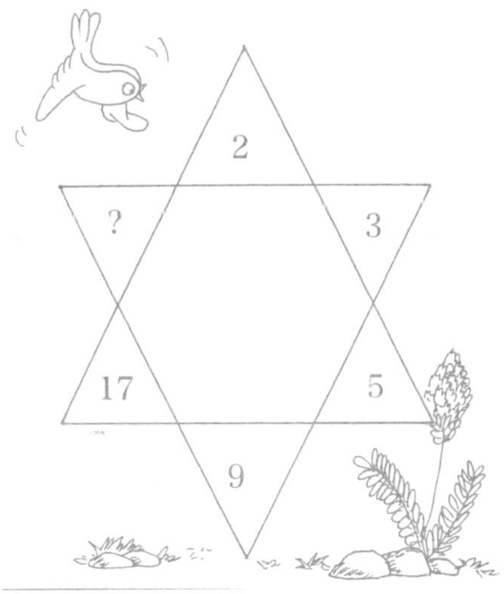

答案

应填入33。从2开始按顺时针方向，前一个数乘以2再减1得下一个数。

6.《百鸟归巢》图的秘密

李善兰是近代史上著名的数学家，他从小就喜欢数学，而且勤于思考，常把身边的事物和数学联系起来。

有一天，李善兰随父亲到海宁城里一位大绅士家做客，看到墙上挂着一幅《百鸟归巢》图，画家是当时很有名的花鸟画高手，在他生花妙笔的点染下，使看画的人仿佛闻到了花香、听到了鸟的叫声。画的右上角还有一首题画诗，上面写道：

一只过了又一只，
三四五六七八只。
凤凰何少雀何多，
啄尽人间千万石。

李善兰看到这幅后，心中也顿然一动。他不仅明白了这首题画诗讽刺现实的含义，而且注意到画中的数字。题画诗上有的是数字，好像是题诗人的有意安排，除了人所共知的意思外，会不会有什么深藏的机密呢？

他看着这些数字想了又想。回到家里，这首诗还在脑子里盘旋着，这些数字到底有什么用处？他翻开数学书的时候，突然恍然大悟，明白了其中的数学奥秘。

那么，你知道这是怎么一回事吗？

科学揭秘

这些数字含有算式：

$1\times2=2$　　　$7\times8=56$

$3\times4=12$　　$2+12+30+56=100$

$5\times6=30$　　这就是“百鸟归巢”的秘密。

移一移

这道数学题拿到老师那里肯定会得0分。不过，如果你移动其中一根火柴，你就有可能得100分。赶紧试试吧！

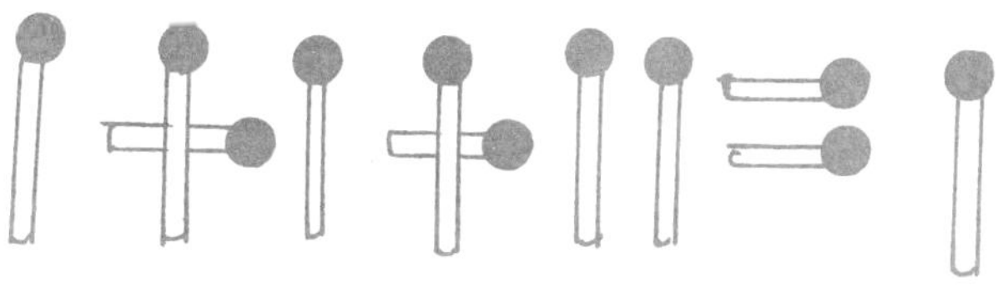

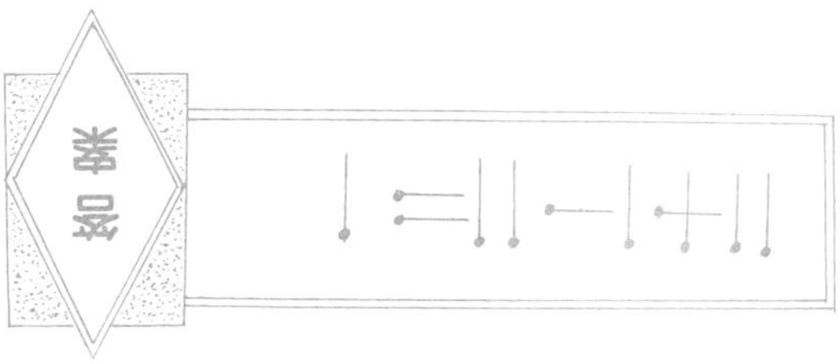

7.巧治酒贩子

赵山是个酒贩子，经常缺斤少两。今天，王小亮考上了大学，老爸很高兴，要请大家喝酒。

王小亮从酒厂运了10箱酒，每箱都有10瓶酒。王小亮的爸爸看着这10箱酒说："这个酒厂每10箱中，常有1箱每瓶酒只有9两重，你要量量才行。"

"那就一箱箱地取出来称吧！"王小亮说。

"不行！"这时赵山走了过来，说，"我只许你用秤称一次，把每瓶不足1斤的那箱酒找出来。如果找不出来，你要赔我1箱酒；如果找出来了，我分文不取。"

王小亮想了想说："好，你这10箱共100瓶酒，每瓶都一样重，对吧？"

"对，但只许称一次！"赵山说。

王小亮点点头，拿起粉笔在10个酒箱上，从0到9编上号。写0号的箱子1瓶也不拿，写1号的箱子拿出1瓶，依次类推，写9号的箱子拿出9瓶。

这样，他一共取出了45瓶酒。然后，他把这45瓶酒一块称了一下，共重44斤3两。

这时王小亮指着7号箱子说："我可以肯定，这箱子里每瓶酒只重9两。"

王小亮说得对吗？你知道其中的道理吗？

科学揭秘

如果45瓶酒都是1斤1瓶，应该是45斤才对。现在称出来是44斤3两，缺了7两，说明有7瓶只有9两。刚才从7号箱中取出7瓶同样重量的酒，一定是这7号箱中的酒不够分量。

考考你 蘑菇圆圈中的数字，都有特殊的联系，请你好好想一下，推断出问号处该填入什么数字。

答案 应填入9。因为对角的两个数，大数减小数，差都为5。

8.老师的年龄

文文和宁宁是两个调皮的学生，他俩在一起就会想些调皮捣蛋的事出来。

今天是新学期开学的第一天。上课铃声响过之后，一位英俊的新老师走进教室。他俩又开始在下边嘀咕起老师的年龄来。

“老师最多也就28岁。”文文说。

“我看老师有30多岁了。”宁宁说。

由于两人意见不一致，他们又争执起来。这引起了老师的注意。

老师知道他们争吵的原因后，笑着说：“想知道我的年龄并不难，宁宁，你把你的年龄写在这个本子上。”宁宁把自己的年龄如实写在上面交给老师。

老师对文文说：“宁宁到我现在这么大时，我已经39岁了。当我是宁宁现在这么大时，宁宁刚3岁。文文你看一下，宁宁和我的年龄各是多少？”

文文低头算起来。不一会儿，文文说：“你今年27岁，宁宁15岁。老师点了点头。那么，你知道文文是怎么算的吗？

科学揭秘

文文是这样算的：宁宁：（39-3）÷3+3=15岁；老师：39-(39-3)÷3=27岁。

考眼力

请你数一数，这个图形中有几个平行四边形？

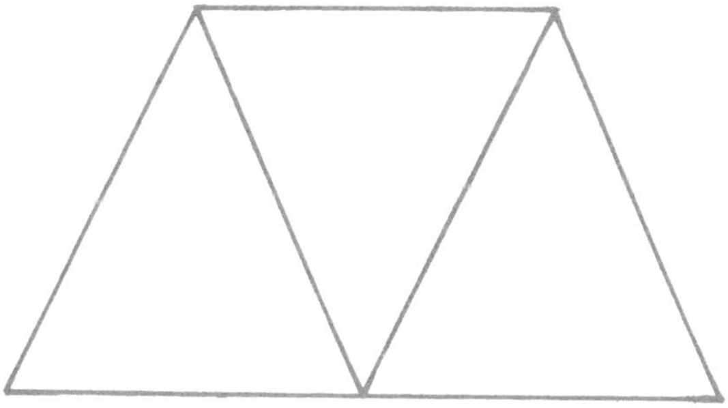

答案

2个平行四边形。

9.加德纳做游戏

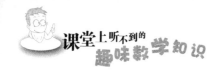

世界闻名的美国科普作家加德纳一生中创作了许多引人入胜的数学趣题和耐人寻味的故事，其中许多故事是他少年时候的亲身经历。

还在他小学三年级的时候，一次数学课上，老师讲完了书本上的内容，对同学们说："同学们，现在离下课还有一段时间，我们来做一个游戏。"

一听说做游戏，同学们顿时兴致勃勃，一双双眼睛里闪烁着惊喜、神往的光彩。老师从讲桌抽屉里拿出预先准备好的10个塑料杯，一字排在讲桌上。

"这一排是10个塑料杯。"老师介绍说，"左边的5个我已经倒满了红色的水，右边的5个空着。只准动4个杯子，要让这10个杯子变成盛红水的杯子和空杯相互交错排列着。你们看怎样动？"

同学们两眼瞅着这10个杯子，用小手轻轻比画着，很快，同学们先后都举起了手。老师让大家集体回答了移动的方法：将第二个与第七个、第四个与第九个相互交换位置，盛红水的杯子和空杯就交错开了。

"现在我把杯子再排成原来的样子。"老师边说边摆，"这次只准动两个杯子，能不能想办法使它们也变成相互交错？"

顿时教室里变得雅雀无声，同学们静静地动着脑子。

“我有办法了。”加德纳站起来说。

那么，你知道加德纳是怎么办到的吗？

科学揭秘

加德纳走到讲台上，拿起第二个杯子，把里面的红水倒进第七个杯子，又拿起第四个杯子，把里面的红水倒进第九个杯子，结果，10个杯子交错开了。

“很好。”老师高兴地说，“你是怎样考虑的？”

“我先用相互移动的方法，但是无论如何都办不到。”加德纳说，“我就考虑用别的办法。就想到从盛水的杯子往空杯里倒水。这样，动的是两个杯子，实际上四个杯子都在变动。”

“思考问题就应该这样，”老师开导着同学们，“当断定这条路走不通时，就要立即考虑走另一条路。”

考考你

看下图，圆盘中从3开始，到“?”处结束的一组数，请你根据数字变化的规律，推出问号处应填入什么数字。

答案

应填入21。因为从3开始，前一个数的2倍减1、减2、减3……为后一个数。

10.算出来的地球

哥伦布和麦哲伦以自己的生命为代价，证明了地球是圆形的。但在他们之前还有没有人证明地球的形状呢？

其实距今约两千年前，埃拉托斯尼不仅已经发现地球是圆的，还计算出了地球的大小。

埃拉托斯尼不仅是世人皆知的发现素数的著名数学家，也是一位伟大的天文学家和地理学家。

那么，他是用什么方法计算出地球大小的呢？要知道，那个时候根本就没有现在这么多仪器，更不用说计算机，埃拉托斯尼只能用数学来完成他的工作。

在埃及的尼罗河边有一座名为西因的城市。西因城中有一口古老的井。埃拉托斯尼发现，在6月21日12点的时候，阳光会垂直照到井底，与此同时，在北部距离西因约800千米的亚历山大的太阳光线有7.2度的倾斜。所以，他利用了“圆弧的长度与中心角成正比”这一定理来计算地球周长。

埃拉托斯尼最后计算出地球的周长是4000千米，而今天《大英百科全书》记载的地球周长是40075千米，两者之间只有75千米的差距。

考考你

听到喊“捉贼”的叫声，路过的警官便朝那个方向赶了去，眼见前面有一个人疾驰而去，警官一面追赶，一面计算犯人的步数，依犯人的步幅，犯人在他27步之前，接着警官又计算自己的步数，知道自己的5步相当于犯人的8步。经过计算，警官很有自信可以捉到逃犯。为什么？

笑吧

有一天一个学者渡河，和船夫打趣：“数学，你懂不懂？”

船夫：“先生！不懂！”

学者：“呀！那么你已经失去你生命的1/4了。哲学，你懂不懂？”

船夫：“我也不懂。”

学者：“那么你已经失去你生命的一半了。忽然一阵大风刮来，船翻了。”

船夫：“游泳，你懂不懂？”

学者：“不懂！”

船夫：“那么，你就要丧失你全部的生命了。”

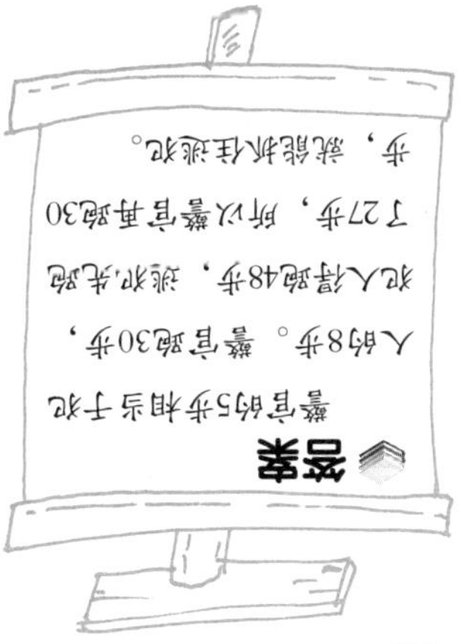

答案
警官的5步相当于犯人的8步。警官跑30步，犯人得跑48步，逃犯先跑了27步，所以警官再跑30步，就能抓住逃犯。

11.邻居夫妇的结婚年龄

有许多人终日无所事事，闲得无事找事，总喜欢管别人的闲事，借以消磨时间。

陈老太太就是这么样的一个人，她的隔壁新近搬来一对夫妇，因为两夫妇的年龄相差很大，陈老太太在好奇心的驱使下，千方百计想探听他们是在多少岁的时候结婚的。

经过多方打听，她终于得到了如下信息：

他们夫妇在18年前结婚，丈夫的年龄是太太的3倍——而现在却变成了太太的2倍。

“这是什么话？我真给他们搅糊涂了，到底他们结婚时的年龄各有多少，现在又是多少呢？”陈老太太为了别人的事烦恼了好多天，始终想不出其中的关键。

请你想想看，尽快为陈老太太解开这个心结吧！

科学揭秘

假如结婚时丈夫的年龄是太太的3倍，太太结婚时的年龄，应该比丈夫的年龄小2倍，这其间所经过的年数完全相等。

因此，应该是丈夫54岁、太太18岁的时候结的婚。

依此推算，现在夫妇的年龄，应该是丈夫72岁、太太36岁，丈夫的岁数恰为太太2倍。

移一移　请你只移动一根火柴，使等式成立。

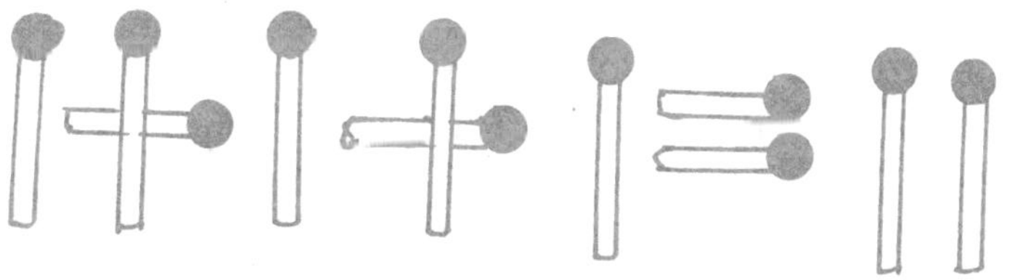

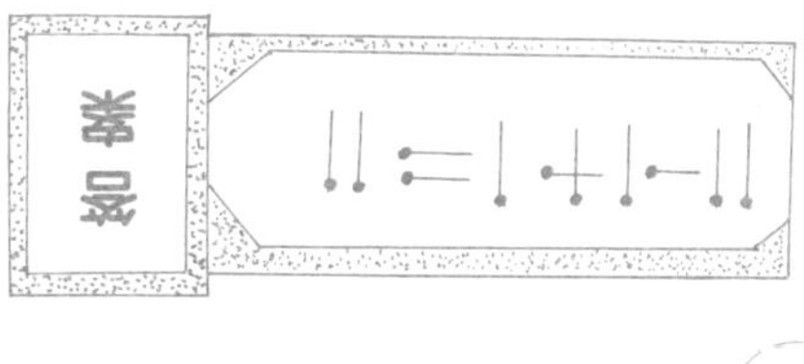

12.太太的开销

有一天，一个商人临出门时，他的夫人说，钱用光了。商人便交给她一叠百元大钞，说:“这个月的家用都付清了，差不多连下月的都有了。”

“唔，”夫人计算着说,“这样够用到月底了，每天平均100元，周末还可以多用200元，如果平摊，每天可以摊到120元了。”

试问，商人交给她的那一叠大钞，共有多少?

科学揭秘

假定到月底共有x日，周末共有y日，可以得到如下的公式：

$100x+200y=120y$

因此，$x=100y$

假定将y（周末）的日数作3，则：

x为30天，30天之内至少有周末4天。所以y（周末）为2天，x（到月底的日数）为20天。平均每天100元，周末另加200元，故知商人所给的共有2400元。

考考你

请你仔细瞧瞧，下面的圆盘，从“3”开始，到“6”处结束的一组数，找出数字变化的规律，然后推出空格处应填入什么数字。

答案

空格处应填入3。因为从3开始减下一个数为2，4减上一个数为3，到6为止，从而得出规律，顺时针方向，以3、4、5开头的三组数，每组的第一个数减中间的数的差，和第三个数减中间的数的差都为2、3。

13.单位发的200元钱

“喂！”

有人在路上拍了一下老张的肩头。老张回头一看，是大学时代的同学老王，大学毕业后，这是第一次碰到。

今天是老张的好运日，早上单位发了200元的奖金，接着，又在这儿碰到十年未见面的老同学，这让老张十分高兴。

老王看老张得意洋洋的样子，便对老张说：

“看你红光满目的样子，近来很得意吧！”

老张邀他进了附近的一家咖啡店，落座之后，他点了咖啡和西点，笑着说：“得意未必，但今天运气不错，单位发了200元奖金，可以让我口袋稍壮声色。假如反过来花了200元，我的口袋里只有现在的五分之一，那可就惨了。现在请你猜猜看，我现在的口袋里共有多少现金，限三分钟交卷，否则这里请客的钱由你付。”

老王在读书时，数学是全校第一名，当然一猜便猜着了，结果仍由老张请客。请你也猜一猜，老张的口袋中当初共有多少钱？

科学揭秘

假设老张未发200元,以前口袋里的钱为x。假设没有发的200元，反而花了200元，口袋里的金额为发钱以后合计的五分之一。其公式如下：

$x+200=5(x-200)$

解得X为300，所以他当初原有的钱为300元。

考考你

看下图圆盘中的数字，从2开始，到32结束，圆圈中的数字有其特殊的规律，请你推断出问号处该填什么数字。

答案

应填入27。因为从2开始，每一个数加5即为其后的那个数（按顺时针方向）。

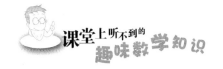

14.女服务员的工作时间

这是一家不限制女服务员工作时间的咖啡酒吧，白天卖咖啡，黄昏以后卖酒，侍应生的待遇，按上班的时间计酬。

有的女服务员，拼命工作，拼命储蓄，只是热衷于金钱，但张莉玉不同，她每个月内总得让自己有几天的休闲时间。她认为金钱不是生活的全部，必须珍惜青春，保持有限度的快乐。

一天，她正在准备野餐，准备第二天约男朋友去郊外旅游时，她的同事小刘进来了。

“啊，莉玉，你真会享受，明天到哪里去逛？”

“不，我是把工作时间集中在一起，挤出休息时间，这是忙中偷闲哪。前天，我把上个月的工作平均起来计算，一天平均达14个小时呢。”

“那么按整个月来计算，一天的工作时间平均是多少呢？”

“唔，刚好是一天9小时啦。”

那么请问，张莉玉上个月到底工作多少天？

科学揭秘

假设张莉玉上月的工作时间为x小时。

一个月的日数，共有28、29天（以上都是2月份），30天、31天四种。一天的平均工作时间为9小时，可得下列四个答案：

$14x=28\times 9$或29×9或30×9或31×9

这其间x可为整数，能够除净的为28天的那个月份，即2月，答案为18天。

考考你

兄弟俩到林子里去摘桃子。回到家，妈妈问他们各摘了多少个桃子。弟弟说：“如果哥哥把10个给我，我俩的桃子一样多。”哥哥说：“如果弟弟把10个给我，我的桃子是他的2倍。”你知道他们各摘了多少个桃子吗？

答案

哥哥摘了70个，弟弟摘了50个。

15.巧算灯盏

《镜花缘》一书中，有一段妙趣横生的描写：宗伯府的女主人卞宝云邀请才女们到府中的小鳌山观灯。

当众才女在一片音乐声中来到小鳌山时，只见楼上楼下挂满灯球，各种花样的灯球五彩缤纷，光华灿烂，犹如繁星，接连不断，高低错落，竟难辨其多少。

卞宝云请才女米兰芬算一算楼上楼下大大小小灯盏的数目。她告诉米兰芬，楼上的灯有两种，一种上做3个大球，下缀6个小球；另一种上做3个大球，下缀18个小球。大灯球共396个，小灯球共1440个。楼下的灯也分两种。一种1个大球，下缀2个小球；另一种是1个大球，下缀4个小球。大灯球共360个，小灯球共1200个。米兰芬低头沉思了片刻，把楼上楼下的灯盏数全部算了出来。

请解一解，1大4小的灯共几盏？1大2小的灯共几盏？缀18个小灯球的灯共几盏？下缀6个小球的灯共几盏？

科学揭秘

米兰芬先算楼下：将小灯球1200折半，得600，再减去大灯球360，得240，这是1大4小灯球的灯，240盏。然后用360减去240，得120，这便是另一种灯，即1大2小灯球的灯120盏。再算楼上：先将1440折半为720，以大灯球396减之，余324，再除以6，得54。这是缀18个小灯球的灯，共54盏，然后用3去乘54，得162，再用396减162，得234，再除以3，得78，这就是下缀6个小球的盏数。

考考你 请你根据数字变化的规律，推断出空格处该填上什么数字。

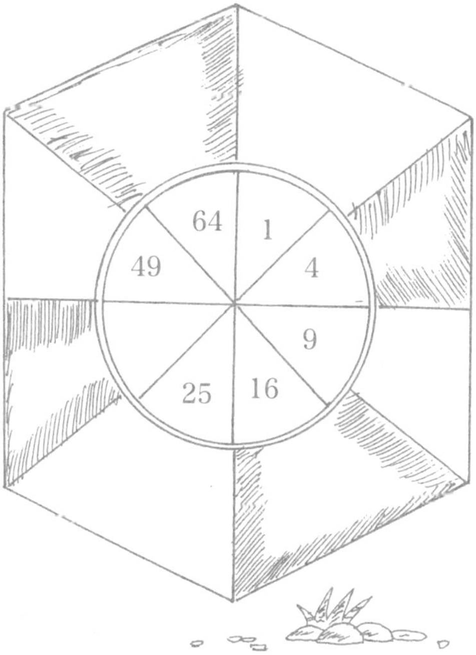

答案 应填36。因为圆圈中的数从1开始，分别是1×1、2×2、3×3、4×4、5×5、6×6、7×7、8×8。

16.吝啬的老板

一个老板，吝啬成性，盘算之精，堪称全国第一。因此，他下面的职员也就鼓不起干劲，旷工的人一天天多了。

老板看这形势每况愈下，而且影响了生产，便想出一个方法来了。一天，他对全体职员宣称：

“从今天起，我们实行奖励办法，对努力生产的职员，每天加发奖金50元。但有一个附带条件，如果旷工一天，必须扣罚金70元。”

职工听到这个消息，都非常高兴，只要肯努力，一个月可以多挣1500元，谁又不愿意呢。

可是原来懒惰惯了的职工，开始都很勤快，做一天领一天的奖金，可谓皆大欢喜。但没过多久，大家的老毛病发作了，而且把老板的附带条件给忘了。得了钱，喝酒赌博，把工作都丢在一旁。

老板早已预料到会有这样的结果，他知道这批懒惰虫是不会持久的。所以他守住诺言，给努力的人每天50元奖金，同时也严格地执行怠工者每天70元的罚金，绝不通融。

结果，在一个月24天（星期六半天）的实际劳动日数中，奖金恰与罚金相抵，也就是说，老板可以不必付出一文的奖金，却得了好几天的特别生产。

请问，这一个月内，职工们在24天内，到底努力做了几天，怠工了几天呢?

科学揭秘

这些职工的工作情况如下：

首先，他们在这个月内努力做了14天，领得700元的奖金，后来10天，在怠工中过去，被罚了700元。两部分相抵为零。

拼一拼

请你把这个图形剪一刀，然后拼成一个正方形。你能行吗？

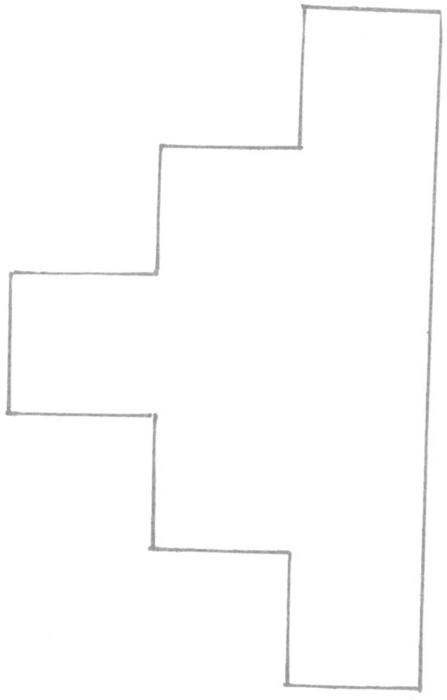

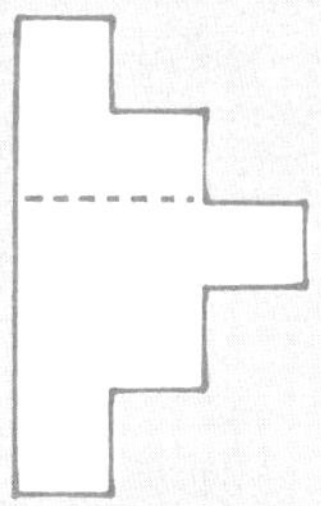

答案

17.粗心的钟表师傅

下午，老张家的一个时钟的针不小心被折断了。

一位钟表师傅到老张家调换了针，这时正好是6点，他就将长针拨到12，短针拨到6。

这位钟表师傅回到商店里，刚要吃饭，老张已急急忙忙地赶来。

“你刚才修的钟还是有毛病。”

等钟表师傅吃完晚饭，再一次来到老张家里时，已是8点多了。他看了看钟，又对了对表，不禁眉头一皱：

“你看，8点10分刚过，您的钟一分钟不差！”

老张一看，奇怪！现在钟的确走得很准。

第二天早晨，老张又找到了这位钟表师傅，当然还是因为钟有毛病。

钟表师傅第三次来到老张家里，拿出表来一对，7点多一点，不是挺准的嘛！

这时，老张请这位钟表师傅坐下来，喝杯茶。一会儿，钟表师傅发现这只钟果然有毛病。

你知道是什么毛病吗？

科学揭秘

这只钟的毛病是将时针和分针装反了，时针装在分针轴上，而分针却装到了时针轴上去了。那么，为什么钟表师傅几次来看时，钟却是准的呢？

钟表师傅第一次将钟拨到6点整，当他第二次来到老张家时，时间是8点10分。这时时针已走了2圈还多10分，所以到8字超过一些，而分针应从12点走到2字超过一些，所以钟上所指的时间是对的。

第二天早晨7点多时，时针已走了13圈多一些，应指到7点，而分针从12点走了一圈以后又走到1点。所以在这时，7点多一点也是对的。

当然，这两个时刻都是巧合，只要过几分钟，这两根针装反了的毛病就可以很容易地被发现了。

考考你

在这个大方块里，有16个小方块，在每个小方块中，将1、2、3、4一直到16填进去，要求是：在填好之后，每一行的和都就是34。现在这里已填进去了部分数，请你将剩下的数字填进去。

1		14	
	6		9
8			2
	3	5	

答案

1	12	14	7
15	9	4	6
8	13	11	2
10	3	5	16

18.魔术树上的金苹果

匈牙利近代著名作家卡尔曼·米克沙特所著的长篇小说《奇婚记》中有一个很有趣的情节：

小说中的女主角比罗什卡的父亲米克洛什·霍尔瓦特是一个博览群书的人。他看到某本书说到传说中的骑士向某一城堡主人的女儿求婚，必须用剑从魔树上砍下三个金苹果，大为欣赏。于是，当比罗什卡的大姐罗扎莉雅要出嫁时，霍尔瓦特公开宣布，他鄙视官衔、出身和财产一类的东西，他要把女儿嫁给一个能回答他三个问题的聪明人。显然，这三个问题就是霍尔瓦特以上中的“魔术树”上的“三个金苹果”。

那么这三个问题究竟是些什么问题呢？小说中只叙述了第一个问题，它的大意是这样的：

每天有两辆邮车一起从波若尼城出发驶往勃拉萧佛城；与此同时，也有两辆邮车一起从勃拉萧佛城沿同一条公路驶往波若尼城。假定两城间的行程需要十天，而且每辆邮车都以相同的速度在整个行程匀速行驶，那么坐在某一辆由波若尼城驶往勃拉萧佛城的邮车上的人，从出发时算起到抵达勃拉萧佛城之前，会碰到多少辆从勃拉萧佛城开往波若尼城的邮车？

这是一道很有趣的数学题，你知道它的答案吗？

科学揭秘

看了题目之后，有的读者可能会脱口而出：“这还不简单！每天有两辆邮车一起从勃拉萧佛城开出，十天就是20辆邮车。”哈，你这样考虑就错啦！要知道，除了这一个十天（以所来邮车出发那天作为第一天往后算的十天）出发的，还有在过去的十天里出发的。这样一来，从出发时算起到抵达勃拉萧佛城之前一路上共会碰到40辆邮车。

由波若尼城出发的邮车在刚出发时正好遇到2辆十天前从勃拉萧佛城驶来的邮车，而经过十天在抵达勃拉萧佛城之前的路上又遇到十九批共计38辆邮车，因此从出发时算起，在抵达勃拉萧佛城之前十天里共会遇到40辆从勃拉萧佛城开往波若尼城的邮车。

考考你

请你仔细瞧瞧，这些数字有什么变化规律？问号处应填入什么数字？

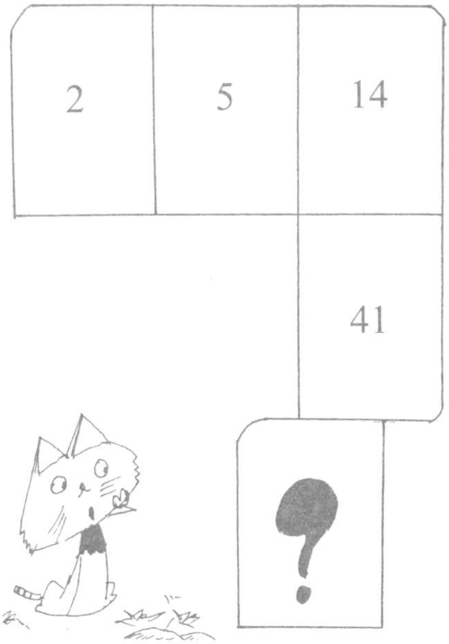

答案

问号处就为122。因为后一个数是前一个数的3倍减去1。比如：

5=2×3−1，14=5×3−1

19.百只羊

甲赶群羊逐草茂，
乙拽肥羊一只随其后，
戏问甲及一百否？
甲云所说无差谬，
若得这般一群凑，
再添半群小半（注：1/4的意思）群，
得你一只来方凑。
玄机奥妙谁参透？

这是中国古代算书《算法统案》中的一道题。

题的大意是说：牧羊人赶着一群羊去寻找草长得茂盛的地方放牧，有一个过路人牵着一肥羊在后面跟了上来。他对牧羊人："你好，牧羊人！你赶的这群羊大概有一百只吧？"牧羊人答道："如果这一群羊加上一倍，再加上原来这群羊的一半，又加上原来这群羊的1/4，连你牵着的这只肥羊也算进去，才刚好凑满一百只。"谁能够知道牧羊人放牧的这群羊一共有几只？

你知道是几只羊吗？

科学揭秘

看清了题意以后，这道题的解法很简单。

设这群羊共有x只，根据题意可得：

$x+x+(x/2)+(x/4)+1=100$

解这个方程得：$x=36$（只）

移一移 请你只移动1根火柴，使等式成立。

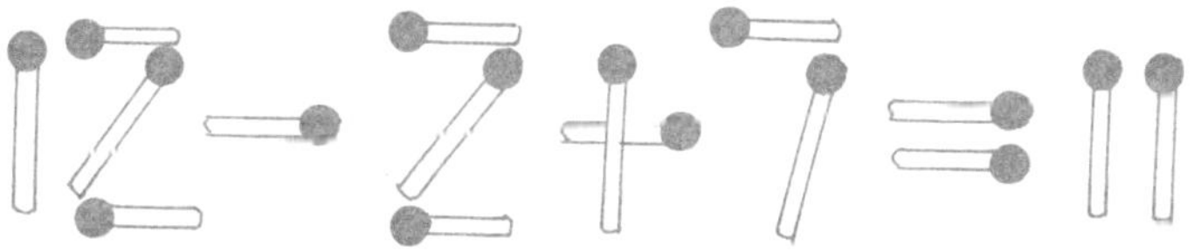

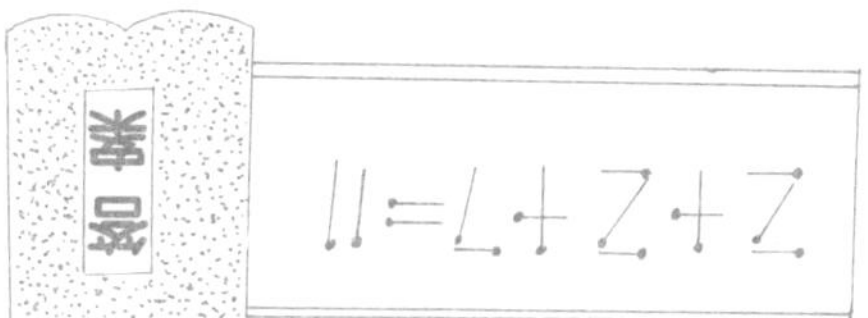

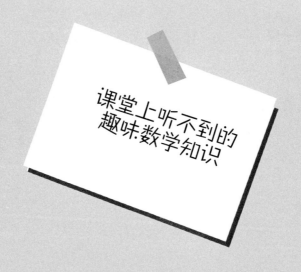

课堂上听不到的
趣味数学知识

五

神机妙算的逻辑推理

1.朱元璋分油

其实，这是一个流传了几百年的故事。

有一天，朱元璋骑马走在路上巡察，看见两个人正在路边为分油发愁。这两个人有一只容量10升的油篓子，里面装满了油，还有一只空的罐和一只空的葫芦，罐可装7升油，葫芦可装3升油。要把这10升油平分，每人5升。但是谁也没有带秤，两个人不知该怎样分。

朱元璋看了笑着说："这好办。葫芦归罐罐归篓，两人分油回家走。"说完，策马就走。

两人按照朱元璋的办法倒来倒去，果然把油平均分成两半，每人5升，高高兴兴地各自回家了。

其实这是一些最基本的运算，你明白了吗？

科学揭秘

朱元璋所说的“葫芦归罐”是指把葫芦里的油往罐里倒；“罐归篓”是指把罐里的油往篓里倒。做法是：先往葫芦里倒油，只能得到3升的油量；把葫芦里的油往罐里“归”，“归”到第三次时，罐子满了，葫芦里还剩2升油。再把满满一罐油“归”到篓里，腾出空来，把葫芦里的2升油“归”到罐里，再把葫芦盛满，“归”到罐中，就完成分油任务了。

当然，逻辑和推理是一大类数学问题，逻辑思维是一种严密的数学思维。

考考你

佳佳口袋里有一些泡泡糖。他把泡泡糖分一半给丁丁。把剩下的泡泡糖又分给了康康一半。再把剩下的泡泡糖分了一半给贝贝，最后佳佳还剩下两颗泡泡糖。请问，佳佳一共有几颗泡泡糖？

答案

佳佳一共有16颗泡泡糖。应该这样计算：

$2\times2=4$

$4\times2=8$

$8\times2=16$

2.丁谓建宫殿

丁谓在宋朝是有名的聪明人。有一年，皇宫着火了，一夜之间，辉煌的宫殿成了一片废墟。如何在废墟上重建一座辉煌的宫殿呢？皇帝为此很头疼。后来，他想到了丁谓。

皇帝跟丁谓说：“你要赶快把这些废墟清理好，还要修好新的房子。城里的人多车也多，不能因为给皇宫修房子影响了老百姓的生活。”

这个工程太庞大了，可是皇帝的命令又不能违抗，丁谓很伤脑筋，他分析了一下眼前的形势，找到了面临的几大难题：第一，要把堆成山一样的垃圾清理运走；第二，要运来大量的木材和石；第三，要运来大量的新土修房子。

可是，不管是运来建筑材料，还是运走垃圾，都是个运输的大工程。如果安排得不好，整个工地就会乱七八糟。

应该怎样安排呢？他没有着急开工，而是先在家里冥思苦想，筹划了一番，制订了详细的计划。第二天，他来到工地，胸有成竹地调派人手，分配任务。

那么，你知道他是怎么做的吗？

科学揭秘

首先，他在施工地点的周围挖了很多又深又大的沟，这样挖出来的新土可以用来修房子。这些沟本身还另有妙用，他把城外的一条河里的水引到沟里，等于造出了很多人工河流，可以用竹筏来运建筑木材和石头，解决了运输问题。最后，等工程完成了，就可以把水再排回河里，原来废墟上的垃圾也可以填到河里，使沟又变成平地。

听起来很复杂，其实整个过程就是这样：

挖沟（取土）——引水入沟（水道运输）——填沟（处理垃圾）

丁谓按照这个方案，使整个施工过程有条不紊，而且节约了很多人力和钱财。

考考你

请你根据上面一列火车数字变化的规律，推断出下面一列火车问号处的数字来。

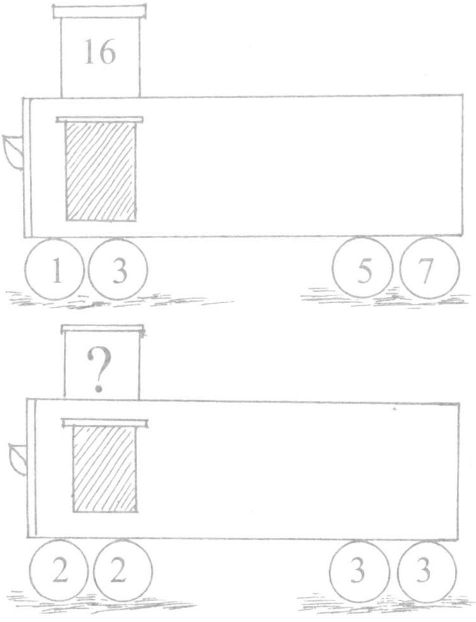

答案

应填入10。因为上面一列火车车轮内的数字之和等于烟囱上的数字。

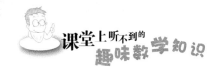

3.真话与假话

从前，森林里生活着一只残暴而凶狠的老虎，它经常欺负弱小的动物。

为了显示自己的霸道，它把森林中心的土地划为了自己的领地。它声称自己的领地神圣不可侵犯，任何动物都不能踏入半步。如果有谁误闯入禁宫，将受到严厉的惩罚。任何动物到此必须说一句话，如果是真话，则将被老虎吃掉；如果是假话，老虎将把这个动物送给自己的朋友——野狼享用。许多动物都被狡猾的老虎害死了，因为无论说什么话，都只有死路一条。

这天，狐狸由于不小心误闯入了禁区，被狼抓住了。他被带到老虎面前。老虎轻蔑地看着狐狸说：“都说你狐狸聪明。你说真话的话会成为我的午餐，说假话的话你就会被我的狼兄弟享用。你现在自己选择吧！”

狐狸确实有几分聪明，他转了转脑筋，说道：“老虎陛下，这是我的那一句话：我不会是您的午餐。”

老虎听了以后，正要享用它的午餐，但是仔细一想，却不知道该怎么办好。原来，狐狸所说的这句话，既不是真话，也不是假话。因为根据命令，说真话的要被老虎吃掉，而如果把他吃掉的话，这句话又变成了假话，根据命令，说了假话，它就应当被野狼吃掉。无论如何，总是前后矛盾的。老虎想了半天，不知道该怎么办，只好把狐狸给放了。

考眼力　请你仔细看一看、数一数，这堆方块共有多少块。

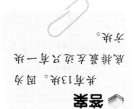

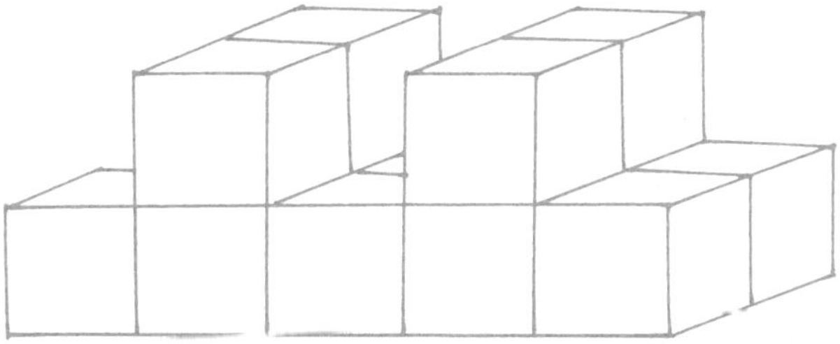

答案

共有13块。因为底排最左边只有一块方块。

4.聪明的汉斯

德国原来并不像现在这样是一个国家，六百多年前，德国由许多小公国分割占领，各自为王。每个公国都由一个国王统治。

有两个相邻的公国，开始，他们的关系很好，在两国互做生意的时候，货币都是通用的。就是说，A国的100元，可以兑换B国的100元。可是，后来情况发生了变化，两个公国因为一些矛盾，关系紧张了起来，两国国王谁也不肯相让。于是，A国国王下了道命令：B国的100元只能兑换A国的90元。B国国王听说了，心想：你不仁我也不义！也下一道命令：宣布A国的100元也只能兑换B国的90元。

当时有位聪明的人，叫做汉斯，他看到两国关系紧张，对两国的安定非常不利，而且他认为，这样兑换双方货币的方法是非常愚蠢的。于是，他想了办法，要促使两国重新友好。他先来到A国，对国王说："陛下，这样的决定太愚蠢了，如果陛下肯给我100元钱做本钱的话，我只要稍稍跑跑腿，就可以赚来大钱！"A国国王当然不信，不过他知道汉斯是个有名的聪明人，于是就给了他A国的货币100元。而汉斯又到B国，用同样的方法，让B国国王给了他B国的货币100元。

汉斯先是用A国的钞票100元在A国购买了价值10元的货物，而在找钱的时候，他对卖主说，自己要到B国去，要求卖主找给他B国的钞票，因为这时A国的90元等于B国的100元，所以卖主就找给他一张100元的B国钞票。再加上汉斯原有的100元B国钞票，这时他共有200元。

然后他又来到B国，用那200元购买了20元货物，再要求找回A国钞票，因为B国90元能兑换A国100元，这样他又用B国的180元换得了A国200元，然后又回到A国。这样一来一往，他赚得了A国10元、B国20元的货物，而原有钱却还保持着200元。

再往后，汉斯仍然照此行事：他在A国再用200元购买20元的货物，换得200元B国钞票；再在B国购买20元货物……每一次结束，他手里永远有200元其中一国的钞票，而且会在两国各赚下价值20元的货物。

这样，没几天，汉斯就发一大笔财。他把赚来的财物分别给两国国王看。两国国王看了，大为震惊，都认识到以前宣布的兑换货币命令的错误，于是，就把它取消了。从此，两个国家又像以前那样亲密了。

认真分析一下汉斯的做法，不难发现，逻辑和推理是汉斯达到目的的关键。

考一考

每个细胞每一分钟由一变二，假设经过一小时，容器恰好可以装满。那么，如果最初放进两个细胞，需要几分钟可使容器装满呢？

答案

需时59分钟。因为最初放进两个细胞只能节省出第一个细胞分裂所用的时间（即一分钟），后面的细胞分裂所用时间和最初放入一个细胞时是一样的。

5.智逃高塔

三百多年前，一个王国被一个凶残的大公统治着。他有一个独生女儿，大公非常喜欢这个公主，她不但非常美丽，而且心地善良，经常接济和帮助穷人。她20岁了，大公把她许配给邻国的一个王子，可是她却爱着一个铁匠——年轻的海乔。由于出嫁的日子快要到来，她不想嫁给那个王子，于是她和海乔冒险逃到山里，可是很不幸，他们很快就被大公的手下人抓了回来，关在一座没有完工的阴森的高塔里。和他们关在一起的，还有一个帮他们逃跑的侍女。

知道消息后，大公暴跳如雷，决定第二天就把他们处死。

关押他们的塔很高，只有在顶上一层才开有窗户，从那里跳下去准会粉身碎骨。大公想，派人看守，说不定看守的人会同情他们，把他们放掉。所以，下令撤掉一切看管，并且不准任何人接近那座塔。海乔知道无人看守，周围又没有任何人监视，或许还有一线希望。海乔顺着梯子走到最高层，望着窗外沉思。

不久，海乔发现一根建筑工人遗留在塔顶的绳子，绳子套在一个生锈的滑轮上，而滑轮是装在比窗略高一点的地方。绳子的两头，各系着一只筐子。原来这是泥水匠吊砖头用的。

海乔断定两只筐子载重可达170千克，两只筐子载重相差近10千克，而又不超过10千克，只要在载重量的范围内，筐子就会平稳下落到地面。

海乔知道他的爱人体重大约50千克侍女体重40千克，自己体重90千克。经过一番考虑，他利用现有的条件，终于使三人都顺利地降落到地面，一同逃走了。

那么，你知道海乔到底是怎么逃走的吗？

科学揭秘

海乔先把30千克的铁链放在筐里降下后，就叫侍女（40千克）坐在筐里落下去，这时放铁链的筐子回上来。

然后海乔取出铁链，让爱人（50千克）坐在筐里落下去，她下降到地面时，侍女回上来。侍女走出来后，爱人也走出筐了。

这时海乔又把铁链放在空筐中，再一次降到地面，爱人坐了进去（这时筐的载重量是50+30=80（千克），海乔（90千克）坐在上面的筐里，落到地面，爱人走出上面的筐子后，他也走出筐子。海乔第一个被救出。

然后把留在筐中的铁链，再次降到地面，这次又轮到侍女坐在上面的筐子里落到地面，装着铁链的筐子回上来。

爱人从上来的筐子取出铁链，自己坐了进去，降到地面，同时侍女升上来。等侍女走出筐子后，爱人也走出筐子。爱人第二个被救出来。

侍女再把铁链放进筐子，又把它降到地面，然后自己坐进升上来的空筐下降到地面，走出筐子。三人终于逃离了高塔。

笑吧

期末考试后，小亮回家说：“我这回两门考了100分。”

爸爸妈妈听后很高兴。小亮接着说：“是两门加起来100分。”

爸爸听了扬手要打小亮，妈妈劝住说：“语文就算得了40分，算术总该60分吧，总还有一门及格嘛！”

小亮委屈地说：“妈，不是那种算法！语文是10分，算术0分，加在一块儿不正好是100分吗！”

6.围魏救赵

战国时候，魏国派军队攻打赵国。

赵国都城邯郸很快被魏国包围，国家陷入危机之中。为了摆脱危机，赵王向齐国请求支援。齐国大将田忌受齐王派遣，准备率兵前去解救邯郸。这时，他的军师孙膑赶紧劝他说：

“要想解开一团乱麻，不能鲁莽行事。要想援救被攻打的一方，只需要抓住进犯者的要害，摧毁它空虚的地方。眼下魏军全力以赴攻赵，精锐兵力肯定全部出动，国内肯定只剩下一些老弱残兵。魏国此时只顾了外头，国内势力空虚。如果我们此时抓住时机，直接进攻魏国，攻打魏国都城大梁，魏军必定会回师来救，这样，他们撤走攻打赵国的军队来保卫都城，我们不是就可以替赵国解围了吗？”

孙膑的话让田忌心服

口服。他十分赞赏地说："先生真是英明高见，令人佩服。"孙膑接着又补充说："还有一点，魏军从赵国撤回，长途往返行军，必定疲惫不堪。而我军则趁此时机，以逸待劳，只需在魏军经过的险要之处布好埋伏，一举打败他们不在话下。"

田忌叹服孙膑的精辟分析，立即下令按孙膑的策略行事，一边率兵直奔魏国都城大梁，而且把攻打大梁的声势造得很大，另一边在魏军回师途中设下埋伏。

果然，魏军得知都城被围，慌忙撤了攻打赵国的军队回国。在匆忙跋涉的途中，齐军战鼓齐鸣，冲杀出来。魏军始料不及，仓皇抵抗，哪里战得过已有充分准备的齐国军队，还没来得及救都城，差点儿就全军覆没了。

拼一拼　请你把这块木板裁成两块，然后拼成一个十字架，能办到吗？

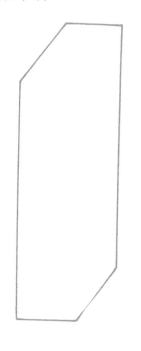

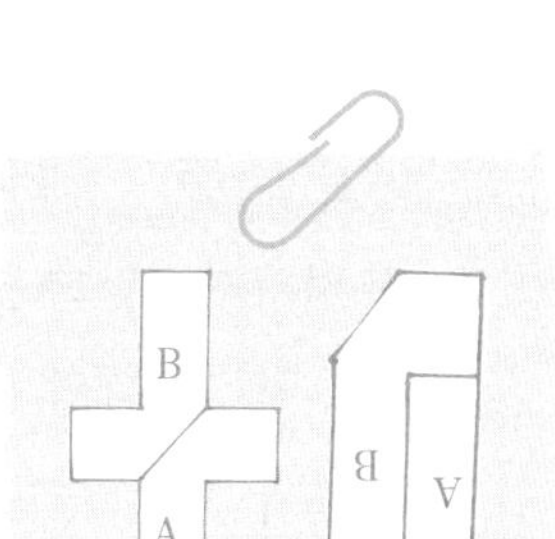

7.妙用请柬

第二次世界大战期间，德国一支侵略军侵占了法国的一个小镇，德国部队指挥官准备在指挥部宴请各界人士。

这次宴会做了周密的安全工作。颁发的请柬是用两张相同的红票连在一起，宾客在进第一道岗时，撕去一张红票，另一张则在进指挥部时交给门卫。

如果有事外出，则发给一张“特别通行证”，凭此证进出第一道岗哨，只要给哨兵看一下，进指挥部时才收走。

为了打击敌人，法国游击队想办法弄到两张请柬。他们准备安排3个人打入敌人内部，然后又安排19个游击队员通过第一道岗，埋伏在指挥部外。

可是，只有2张请柬，这可怎么办？他们怎样做才能让这些人到达自己指定位置呢？

经过大家认真的讨论研究，他们终于想出了一个办法。那么，你知道他们采用的是什么办法吗？

科学揭秘

聪明的游击队员是这样做的：

先安排甲、乙、丙三人持两张请柬进入指挥部。

甲先拿一张请柬进指挥部，然后借口有事外出，领取一张“通行证”。

接着乙再用甲拿出的“通行证”进入第一道岗，进入指挥部时用掉另一张请柬的一半红票，然后也借口有事外出，领取一张“通行证”。这时乙的手中就有一张请柬的另一半红票和两张“通行证”。

丙也用乙的方法获取了一张“通行证”。

凭着这三张“通行证”，游击队员每批通过第一道岗三个人，再出来一个人，最终将十几个人全部带过了第一岗，埋伏起来。

最后，甲、乙、丙三个人用“通行证”，进指挥部，交回“通行证”。所有人都到了自己事先安排的位置，为里应外合打击敌人做好了准备。

考考你

请你根据左侧花盘中数字的规律，推断出右侧花盘中问号处的数字。

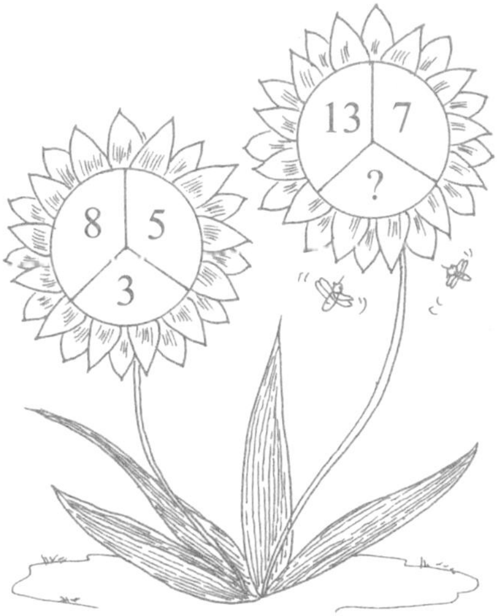

答案 应该填6。因为左图底部数字等于顶部两数之差。

8.田忌赛马

战国时，齐国权贵之间流行赛马。齐威王常常和将军田忌赛马赌博。他们每人都有上、中、下等马。比赛的时候，上等马对上等马，中等马对中等马，下等马对下等马。每一匹马赌一千两黄金。

田忌每个等级的马都要比齐威王的差一点。所以每次赛马他总是连输三局。每次都输三千两黄金，田忌有点儿吃不消，可是又不敢不跟齐威王赛马。

这一天田忌的好朋友孙膑拜访，田忌把自己的苦恼告诉了孙膑。孙膑想了想，拍拍田忌的肩膀，说："老兄放心，我有办法让你赢。"

田忌半信半疑，孙膑凑在他耳边，说了几句悄悄话。田忌有点明白了，连连点头。

赛马又开始了。第一场齐威王派出了上等马，孙膑让田忌先派出下等马，这样齐威王就很轻易地赢了一场 。

齐威王得意洋洋地看了田忌一眼，心想："三千两黄金又到手了。"

第二场，齐威王派出中等

马，田忌听从孙膑的建议，派出了上等马。经过激烈的比赛，田忌的马赢了，齐王大吃一惊，有点坐不住了。

最后一场，齐威王的下等马对田忌的中等马，田忌轻松取胜。整场比赛，田忌两胜一负，非但没有再失利，反而赢了齐威王二千两黄金。

田忌反败为胜，齐威王非常惊讶。田忌趁机向他推荐孙膑。齐威王很欣赏孙膑，封他为军师。后来，孙膑为齐国打了很多胜仗，立下汗马功劳。

这个故事非常有名，其实，孙膑在故事中也运用了数学逻辑推理的方法，这个方法在以后的军事斗争中也发挥了重要的作用。

考考你

请把2、7、12、13这四个数填在图中的空格里，使这个方阵的每一竖行、横行、斜行上的4个数字之和都相等，你办得到吗？

16	3	10	5
1			14
8			11
9	6	15	4

答案

16	3	10	5
1	12	7	14
8	13	2	11
9	6	15	4

9.老农分瓜

可可和洋洋去植物园看花展，天气很热，他俩走在路上十分口渴，突然前面出现一片西瓜地，两人一齐跑向看瓜的小房子。老农在那里摆着几个西瓜。他俩向老农说明来意，然后问了价钱。除了回去的车票和植物园的门票，他们的钱只够买一个西瓜。

两人把买到的西瓜抱到一棵大树下，可可拿着借来的水果刀，微笑着对洋洋说："这次我来分瓜吧。以前都是你做主，今天也该我做主一次了。"洋洋一看他那模样，就明白可可是想给自己多分一点，心里面当然不乐意了。这么热的天，我还想要那块大点的西瓜呢。于是说："不行不行，你要听我的，我来分。"可可当然不肯答应，于是两人争吵了起来，谁也不肯让步。

卖瓜的老农在一旁听得有些不耐烦，心想这两个人怎么这样烦，连个西瓜也切不好。老农灵机一动，想了个办法，他走上前去，对两个人说："两位不要吵了，我有一个办法，保准你们满意。"两人听了，半信半疑。老农接着说："你们两人呐，一个切瓜，把瓜切成两半，另一个负责分瓜。""就这么简单。""我们两人都满意！"于是可可切瓜，洋洋分瓜。

可可拿过西瓜，心想："如果我切得一块大一块小，那么洋洋准会拿大的，不行，我得把两块切得一样大。"洋洋则想："我才不管你怎样切，我拿那块大的。"于是，可可把瓜切成了大小相等的两块，洋洋只能任意挑其中的一块。这样，两人分的瓜一样大，谁也没吃亏。

如果一个人既负责切西瓜又负责分西瓜，那他肯定会把其中一块切得尽量大的留给自己，这样对另一个人就不公平了。一个人切，另一个人分就是要给两个人相同的权力，不会因为一个人的权力过大而影响另外一个人的利益。这就是“游戏公平性原则”，它已广泛应用于商业活动中了。

考考你

下面是两幢智能小屋，右图门窗上的三个数填满与左图规律相同才能打开，现在右图中两窗户显示出2、3两个数字，要想打开门，必须在门上输入什么数？

答案 应填上12，门上的数是两窗上数的积的2倍。

10.卖包子的学问

刘阿姨下岗后开了一个小饭店。由于小饭店靠近小区，因此早上的生意特别好，最受欢迎的就是包子。

饭店里有大小两种包子，一个顾客递给服务员一张2元钱，服务员问他买大包还是小包子，又进来一个人也递给服务员2元钱，服务员连问也不问就递给他一个大包子。

在这里吃早饭的何苗看到这个问题，就问身边的小伍："你说服务员为什么不问他呢?"

小伍说："那还用问吗？后来这个人一定是服务员的亲戚，服务员收了小包子的钱，递给他一个大包子！对吧？"

"不对。"

小伍不知道怎么回答，不满地看了看何苗，说："你说我答得不对，你说是怎么回事？"

何苗说："大包子的价钱一定在1元5角钱以上，小包子的价钱在1元5角以下。"

"多新鲜哪！大包子肯定比小包子贵。"

"第二个人递给售货员的不会是一张2元的，也不会是1张1元的。比如是一张1元的和两张5角的，这时服务员就肯定知道他要买1元5角以上的包子，当然递给他一个大包子。"

小伍觉得何苗分析得十分有道理。

移一移

这是一道较难的题。要求只移动1根火柴，使等式成立，你能做出来吗？

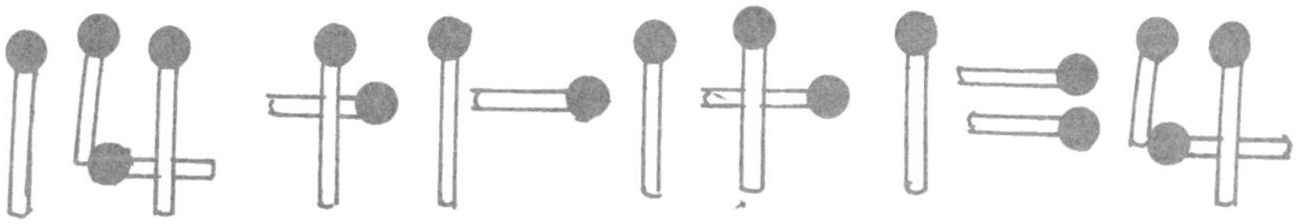

笑吧

一位衣着时尚的女郎走进邮局汇款处，把汇款单填好后交给了营业员。营业员一看，把单子退回说：“数字要大写。”女郎头一歪说：“大些？格子这么小，叫我怎么写得大？”

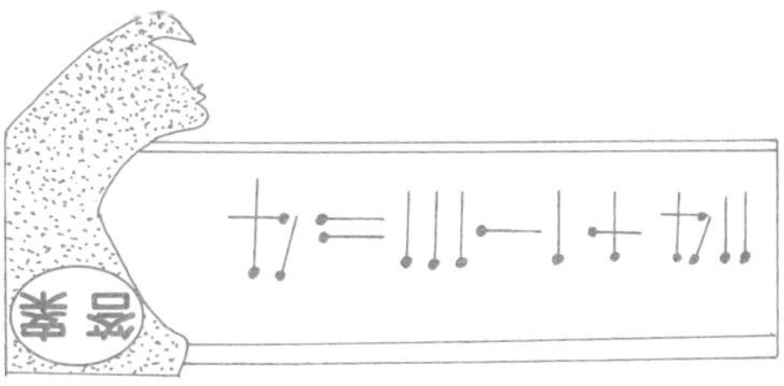

11.过河

有一队运动员，想从河的左岸渡至河的右岸，因为桥被破坏，他们只能借助于一只小渡船和两个孩子的帮助来到达目的地。

但渡船很小，一次或者渡一名运动员，或者可以渡过两个孩子（不能一名运动员和孩子同时渡河）。那么，应该怎样安排渡河，才能让全部运动员都渡过河去呢?

因为渡船很小，每次只能渡过一个运动员，所以不论这队运动员有多少人，他们必须是一个一个地渡河，这就意味着只要找出渡过一名运动员，并使船又能回到左岸的方法，然后重复上述过程，便可将整队运动员都渡过河去。

可是，怎样才能让他们都过去呢?

科学揭秘

先由两个孩子同时渡至右岸，一个孩子上岸，另一个孩子把船划回左岸，再让运动员自己划到右岸，此时运动员上岸，而已留在右岸的孩子把船划回左岸，两孩子一起再将船划回右岸，这样重复上述过程，所有的运动员都可渡过河去。

考眼力

请你数一数，下面这个图形中有多少个长方形？

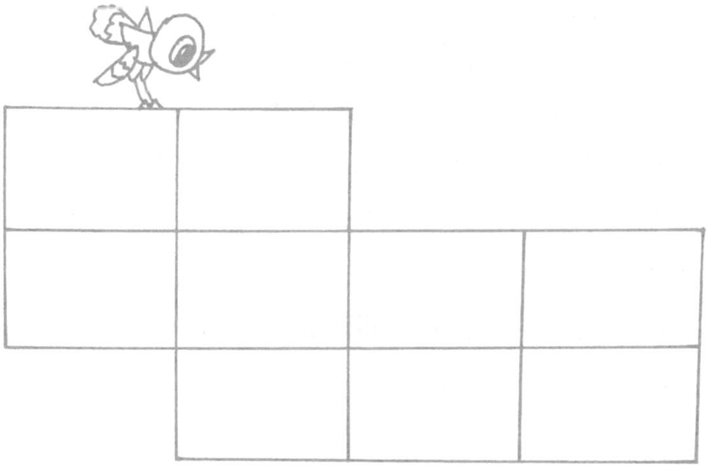

答案

共有28个长方形。

12.烤面包的学问

佳佳非常喜欢吃面包，每天早晨，妈妈都会给她烤面包吃。

佳佳家里有一个老式的烤面包机，一次只能放两片面包，每片烤一面。要烤另一面，得等取出面包片，把它们翻个面，然后再放回到烤面包机中去。每片面包要1分钟的时间才能烤完一面。

一天早晨，妈妈要烤3片面包，两面都烤。佳佳妈妈不喜欢动脑子，她用一般的方法烤那三片面包，结果花了4分钟，这让佳佳爸爸很想对妈妈表达自己的看法。

“亲爱的，你可以用少一点的时间烤完这3片面包。”他幽默地说，“这样既可以省时间，也能省不少电呢。”

妈妈没有想明白，瞪了佳佳爸爸一眼说：“我办不到，那么你能在4分钟的时间内烤完那3片面包吗？”

“我当然能办到。”佳佳爸爸笑着说。

佳佳的爸爸真能办到吗？那么他是怎样办到的呢？

科学揭秘

佳佳爸爸是这样烤面包的：用3分钟的时间烤完3片面包。我们把3片面包叫做A、B、C。每片面包的两面分别用数字1、2代表。烤面包的程序是：

第一分钟：烤A1和B1面。烤完后，把B换一面，把A取出换上C。

第二分钟：烤B2面和C1面。烤完后，把C换一面，把B取出换上A。

第三分钟：烤A2面和C2面。这样，3片面包的每一面都烤好了。

考考你

请你找出下图中数字变化的规律，推断出问号格里该填入什么数字？

4	8	6
6	2	4
8	6	?

答案

应填入7。因为前两行数的前两个数之和的一半为第三个数。

13.生死门

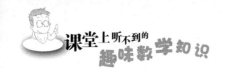

很久以前，有这么一位皇帝，他听说有一个人非常聪明，十分嫉妒，于是，他把这个人抓进一间房子里。

这间房子有两扇门。根据皇帝的规定，从其中一扇门走出去，可以获得自由；而从另一扇门走出，将沦为奴隶。但是门上并不标记，所以难以断定哪一扇门将通往自由。这间房里还有两个人，其中一人说真话，另一人说假话。可谁说假话，外表毫无迹象，难辨真假。

皇帝对聪明人说："年轻人，你的命运掌握在自己手里。你将获得自由，或是成为我的奴隶，就看你选择走哪一扇门。在选择之前，你可以在房间里找一个人，向他提一个问题。如果你严格遵守规则，我必将兑现我的诺言。"

这个聪明人就是与众不同，他稍微沉思了一下，果断地走向一个人，向他提出了一个问题。那人伸手指了一扇门。聪明人迈着坚定的步伐，走出门去，获得了自由。

那么，你知道他提出了什么问题吗?

科学揭秘

聪明人提出的问题是：“走哪扇门会成为奴隶？”若向说假话的人打听，那人会故意误导，错答成走向自由之门；而被问者讲真话，他将如实转告，指向自由之门。

从这句问话的结果，无论是说真话者，还是假话者，都会指向自由之门。这叫问死得生，问奴隶门得自由门。

知识链接

上述问题原理很简单。在数字上，常用1表示真，用−1表示假。两数a和b中，一个是1，另一个是−1，但不知道谁正谁负。那么乘积的值可以确定，一定等于−1。“正负得负”和“真假为假”一样，可以将两个不确定的条件组合起来，得到一个确定的结果。

14.农民与小偷

法官面前站着三个人，其中一个是农民或小偷，法官知道当地农民的回答是真的，小偷的回答是假的，但他不知道他们之间谁是农民，谁是小偷，因此法官依次从左向右向他们提问。

他悄悄地问左边的一个人：“你是什么人？”这人回答后，法官问中间和右边的人说：“他回答的是什么？”

中间的人说：“他是农民。”右边的人则说：“他是小偷。”

法官想了想，终于弄清谁是农民，谁是小偷了。

那么请问：站在中间和右边的各是什么人？

科学揭秘

中间的是农民，右边的是小偷。

因为已知农民回答的是真话，小偷回答的是假话。在这种情况下，只有小偷才会说别人是小偷。

移一移

请你只移动1根火柴，使等式成立（有2个答案）。

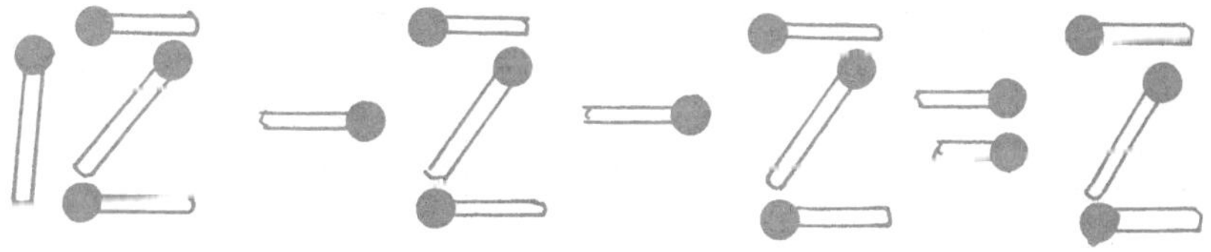

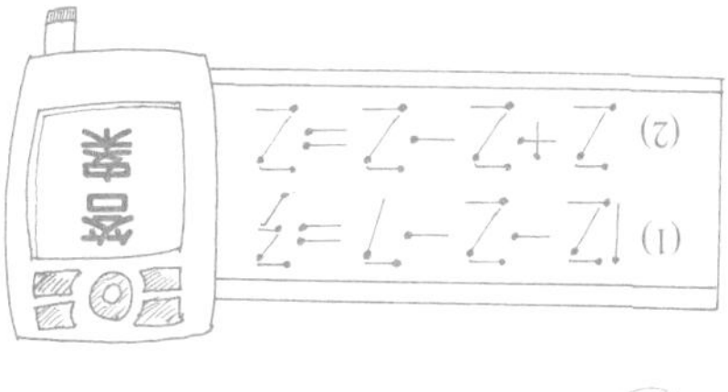

15. 抓阄成婚

清朝年间，道山县黄泥乡有个书生，名叫谭振北。小时候，父亲给他定了亲，是当时乐进士的女儿。后来东家嫌贫爱富，想赖婚，而偏偏乐进士的女儿愿意嫁给谭振北，迫于父亲的压力，只是不敢说罢了。

所以，这个乐小姐终日在楼上以泪洗脸，盼谭振北来娶她。谭振北听说是乐小姐一心要嫁给他，他便主动上门，来见岳父探听虚实。

乐进士见谭振北来了，就说："你来得正好，我做了两个阄，一个写'婚'，一个写'罢'，你抓到'婚'就成亲，抓到'罢'就退婚。这算公平了吧！这就看你有没有这个福分要我女儿了。"说完，他便把阄摆出来，又说："你只看一个就行了。"

谭振北心想，这两个阄肯定都是罢字，如何是好？他沉思了一会儿拿起一个阄吞进肚里说："这亲事成了。"

你知道为什么吗？

科学揭秘

因为两个阄都是“罢”，吞进肚里的阄无法看，而乐进士手上的阄也是“罢”字，那么吞进肚里的应是“婚”字。乐进士只好把女儿嫁给谭振北了。

考眼力 数数下面这个图形中有多少个长方形。

16.谁捡到的钢笔

有一天早晨，甲、乙、丙、丁四个同学上学时捡到一支钢笔，交给了老师。

“这是你们谁捡到的？”

四个同学谁都不说是自己捡到的。

甲说：“是丙捡到的。”

丙说：“甲说的与事实不符。”

乙说：“不是我捡的。”

丁说：“是甲捡的。”

这四人中只有一人说了真话，你能判断出钢笔是谁捡的吗？

科学揭秘

已知四人中只有一人说的是真话，推断如下：假如甲说的是真话，那么乙说的也是真话，与条件不符，排除了丙捡笔的可能。同理，丁说的不是真话，所以捡笔的也不是甲。假如是丁捡的，则丙和乙说的都是真话，也与条件不符。可见，捡笔的一定是乙。

考考你

请你将1、2、8这几个数字填到下面图形中，使它对角线的四个正方形中的数字之和等于18。现已填好4个数，剩下的该怎么填？

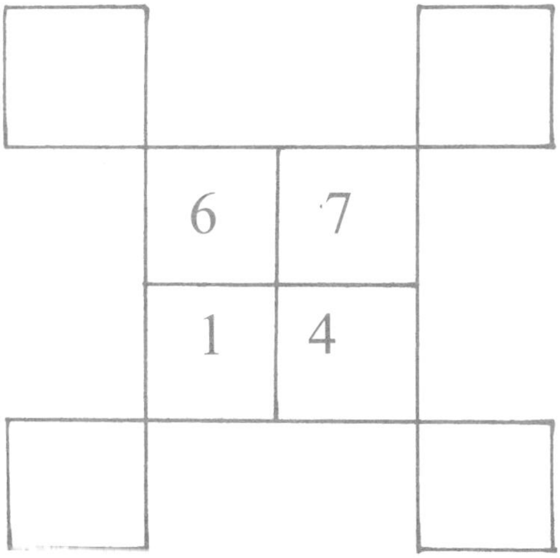

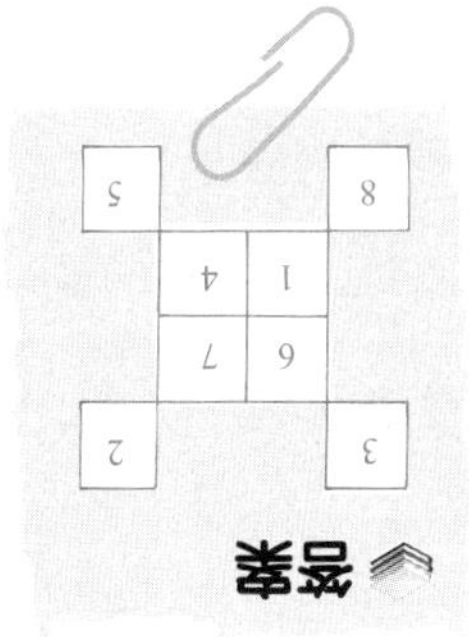

17.额头上的黑点

小赵是个顽皮的家伙。这天中午，他把正在教室里打盹的三个非常聪明的同学——小张、小王和小李三人的额头上都涂了一点墨。

当三人醒来时，相视大笑，但谁都不知道自己头上有黑点。

小赵对三人说："你们只要看见一人额上有黑点，就把手举起来！"

三个人都举了手。

小赵又说："现在谁猜到了自己额头上有黑点，就可以放下手。"

等了一会儿，三人都没放下手。

忽然，小张把手放下来说："我额上有黑点。"

请问小张是怎样猜到自己额上有黑点的呢？

科学揭秘

小张是这样推理的：如果我（小张）额上没有黑点，看到小李、小王有，于是举手；小李认为自己没有黑点，看到小王有，于是举手；同理，小王认为自己没有黑点，看到小李有，于是举手。接下来：从小王角度来看，小张没有黑点，自己没有，那么小李应该放下手；从小李角度看，小张没黑点，自己没有黑点，那么小王应该放下手。但是两人均未放下手，因此我（小张）认为自己额上有黑点。

移一移

果果做错了这道题，老师让他重做，要求只移动1根火柴。你能把这道题改正过来吗？

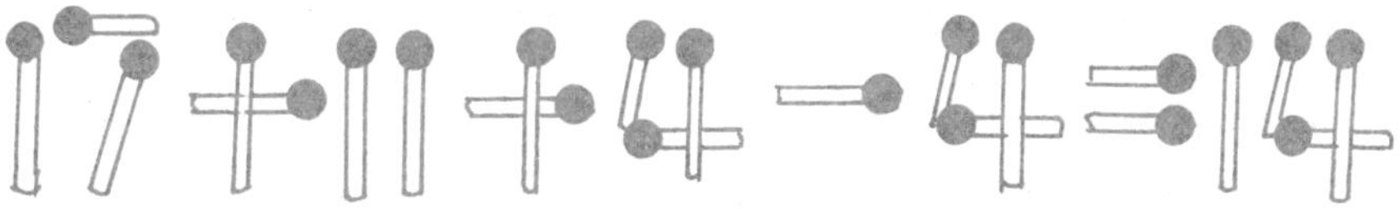

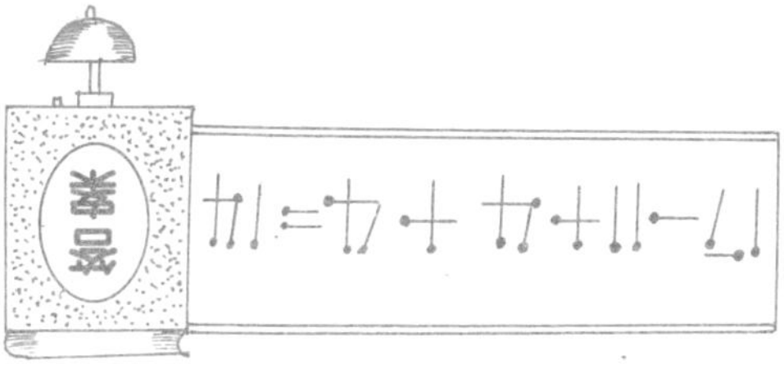

18.哪吒除妖

传说山中出了两个妖怪，他们祸害百姓无恶不作，许多人敢怒不敢言，这件事传到了哪吒耳朵里，他决定除掉这两个妖怪，为民除害。

土地公公听说了，赶忙来劝阻道："那两个妖怪一个是猪精，一个是牛精，非常厉害。三太子还是不要去送死了。"

哪吒不听那一套，拉着土地公公继续往前走。忽然发现路边有一个高个子的小孩和一个矮个子的小孩，嘻嘻哈哈地在玩耍，土地公公立刻停步，指着两个小孩说："这两个小孩就是猪精和牛精。"

高个子冲哪吒一笑说："我是猪精！"

矮个子冲哪吒一笑说："我是牛精！"

土地公公躲在哪吒身后，哆哆嗦嗦地说："不对，不对，别听他俩的！他俩至少有一个在说谎！"

"谁在说谎？"哪吒回头一看，土地公公也溜了。

哪吒自言自语道："我要打也要先分清楚再打呀！可谁是猪精呢？现在只好找我的帮手啦！小龙女——快来呀——"

小龙女从远处飞来了。

"快帮我判断出他们的真面目吧！"

那么，小龙女是怎样帮哪吒分辨出来的呢？

科学揭秘

小龙女分析：这两个小孩说的话有4种情况，“对，对”、“对，错”、“错，对”、“错，错”。根据土地公公说的，“他俩至少有一个说谎”，可以肯定“对，对”是不可能的。那么一对一错？这也是不可能的。比如，“我是猪精”这句话是对的，说明高个子是错的。只有一个结论，这两个小孩都在说谎。这证明两个小孩说的是反的。高个子说自己是猪精，那他一定就是牛精，矮个子则是猪精。

考考你

一只蜗牛正从一口井底往上爬，这口井深有20米。蜗牛每天白天向上爬3米，而每日夜间又滑下2米。请问蜗牛需要爬多少天才能爬出来？

答案

18天。因为到了第18天，蜗牛可以爬到20米高，并且爬出井，不会再滑下去。

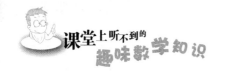

19.骑士与无赖

在中世纪，欧洲某地有个村庄。这个村庄里住了两种人：一种是总说真话的骑士，一种是总说假话的无赖。这两种人的衣着、风度并没有多大的区别，因而单从外表上是无法断定他们各是哪一种人的。

有一天，一位学者途经这个村庄，看见大树下有A、B两人在休息。他很想知道他们俩到底是什么人。于是，他就向A提出了一个问题："你俩中有一个是骑士？"

"没有。"A回答说。

学者听了A的回答，稍微想了一想，就推出了A和B各是什么人。

那么，A和B究竟各是什么人呢？这位学者又是怎样从A的回答中弄清楚这一点的呢？

其实，要弄清A和B的真实身份并不难。我们知道在这个村庄里只住了两种人，一种是总说真话的骑士，一种是总说假话的无赖。如果A是骑士，那么，他就是说真话的；如果他说真话，那么，他对"你俩中有一个是骑士？"应该回答"有"；而他却回答"没有"，所以，他不是骑士，而是无赖。

考考你

丁丁有瓶果汁，果汁和瓶一共重3千克，他喝掉了一半果汁后，连瓶共重2千克。请问瓶内原有几千克果汁？空瓶子几千克？

答案

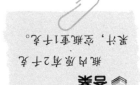

瓶内原有2千克果汁，空瓶重1千克。

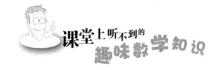

20.鲍细霞的肖像

莎士比亚的名著《威尼斯商人》中有这样一个情节：

富家少女鲍细霞不仅姿容绝世，而且有非常卓越的德性。许多王孙公子纷纷前来向她求婚。但是，鲍细霞自己并没有择婚的自由，她的亡父在遗嘱里规定她要猜匣为婚。

鲍细霞有三只匣子：金匣子、银匣子和铅匣子，三只匣子上分别刻着三句话。在这三只匣子中只有一只匣子里放着一张鲍细霞的肖像。鲍细霞许诺：如果有哪一个求婚者能通过匣子上的这三句话猜中肖像放在哪只匣子里，她就嫁给他。

现在我们知道，金匣子上刻的一句话是："肖像不在此匣中"；银匣子上刻的一句话是："肖像在金匣子中"；铅匣子上刻的一句话是："肖像不在此匣子中"。

这三句话中只有一句是真话。请问，求婚者应该选择哪一只匣子呢？

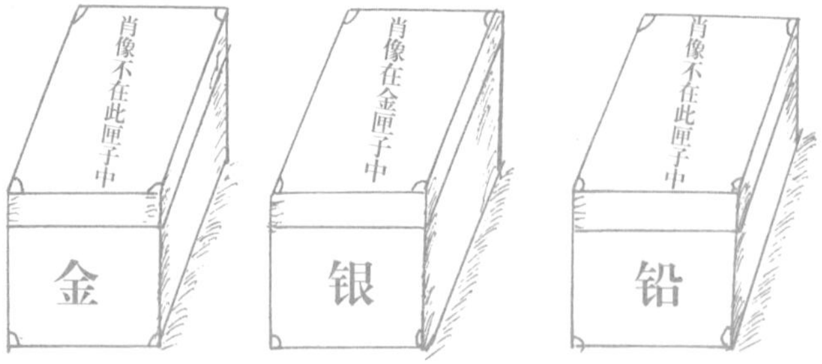

科学揭秘

求婚者应选择铅匣子。

金匣子上刻的一句话是：“肖像不在此匣子中”；银匣子上刻的一句话是：“肖像在金匣子中”。这两句话是互相矛盾的。又因为已知三句话中只有一句是真的，这样，我们就可以断定三句话中的唯一一句真话，或者是金匣子上刻的话，或者是银匣子上刻的话。

由此可见，铅匣子上刻的话只能是一句假话。而铅匣子上刻的一句话是：“肖像不在此匣子中”。既然这句话是假的，那么肖像就一定在此匣子中了。

考考你　请你找出数字变化的规律，推断出问号格里该填入什么数字。

答案

应填入9。因为前两行前两个数之差的平方为第三个数。